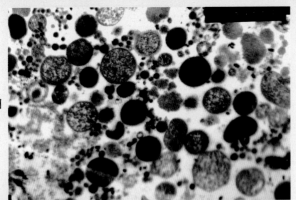

绵羊肺炎霉形体电镜图

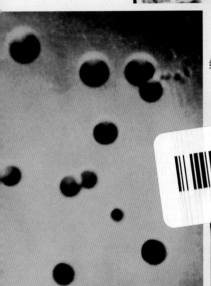

绵羊肺炎霉形体菌落

丝状霉形体山羊亚种菌落

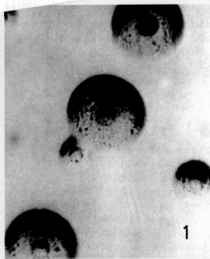

1

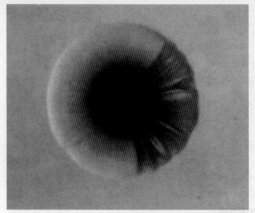

丝状霉形体丝状亚种
大菌落型菌落形态

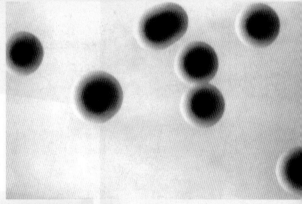

丝状霉形体丝状亚种
小菌落型菌落形态

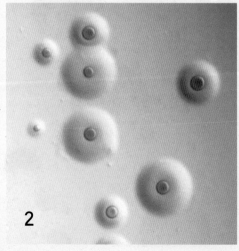

无乳霉形体模式株PG2菌落形态

2

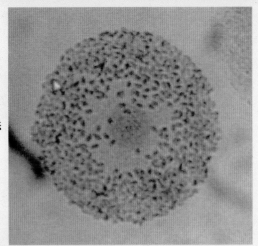

及附鸡红细胞的霉形体菌落形态

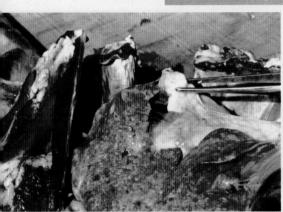

绵羊肺炎霉形体感染羊肺部，肺部出血、与心包粘连

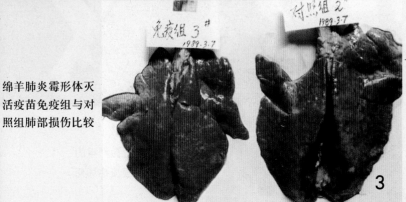

绵羊肺炎霉形体灭活疫苗免疫组与对照组肺部损伤比较

3

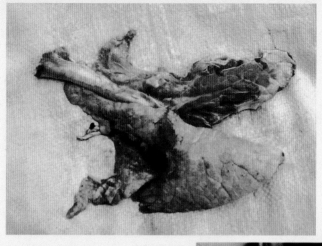

绵羊肺炎霉形体感
染导致的肺部实变

由丝状霉形体引起的羔羊关节炎

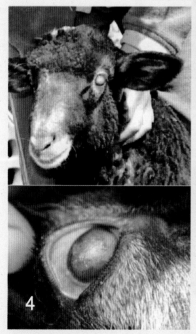

霉形体感染结膜导致严重的
角膜结膜炎，角膜溃疡坏死

4

畜禽流行病防治丛书

# 羊霉形体病及其防治

主　编

逯忠新

编著者

储岳峰　赵　萍

高鹏程　贺　英

金盾出版社

## 内 容 提 要

本书由中国农业科学院兰州兽医研究所逯忠新研究员等编著。内容包括:羊霉形体病概述、病原学、流行病学、临床症状与病理变化、诊断、预防和治疗等。本书语言通俗易懂,内容先进实用,适于养殖户、羊场技术人员、畜牧兽医工作者以及农业院校相关专业师生阅读参考。

**图书在版编目(CIP)数据**

羊霉形体病及其防治/逯忠新主编;储岳峰等编著.—北京:金盾出版社,2008.9
(畜禽流行病防治丛书)
ISBN 978-7-5082-5247-6

Ⅰ.羊… Ⅱ.①逯…②储… Ⅲ.羊病-防治 Ⅳ.S858.26

中国版本图书馆 CIP 数据核字(2008)第 129645 号

**金盾出版社出版、总发行**

北京太平路 5 号(地铁万寿路站往南)
邮政编码:100036 电话:68214039 83219215
传真:68276683 网址:www.jdcbs.cn
封面印刷:北京印刷一厂
彩页正文印刷:北京天宇星印刷厂
装订:北京天宇星印刷厂
各地新华书店经销
开本:787×1092 1/32 印张:5.375 彩页:4 字数:114 千字
2008 年 9 月第 1 版第 1 次印刷
印数:1—8000 册 定价:10.00 元
(凡购买金盾出版社的图书,如有缺页、
倒页、脱页者,本社发行部负责调换)

# 前　言

我国绵羊和山羊总存栏量居世界第一位,养羊业在畜牧经济发展和人民日常生活中均占有重要地位,因而一直受到人们的重视。随着人们生活水平的提高,对羊肉、羊奶、羊毛等产品的需求量日益增加,促进了我国养羊业的迅速发展。另一方面,随着养羊业的发展,羊病也越来越多,越来越复杂。其中,由霉形体导致的各种疾病的发病率日益增高,给生产带来了巨大的经济损失,因而越来越受到广大农牧民和兽医工作者的重视。

准确诊断和采取有效的防治措施是减少羊霉形体感染发病、降低农牧民损失和保障养羊业健康发展的重要手段,但由于霉形体分离培养和鉴定比较困难,限制了一般实验室在这方面开展工作,因此缺乏相关资料积累,但生产实际中往往又急需这方面的资料。因此,我们根据十几年在羊霉形体病方面的研究和积累的一些知识,参考国内外有关资料,编写了本书,以应生产之需。

本书介绍了目前国内外羊霉形体病研究的一般概况、病原学、流行病学、临床感染特征、诊断技术、预防和治疗等方面的内容,可供从事养羊业生产人员和畜牧兽医工作者、科研人员以及农业院校畜牧、兽医专业师生参考,也可作为兽医人员培训班的教材。

在本书编写过程中,我们参阅了大量的文献资料,也努力运用了最新资料,鉴于篇幅有限,书中仅列出部分参考文献,在此特向原作者和译作者表示感谢。本书的部分图片由中国农业科学院兰州兽医研究所邓光明研究员提供,在此诚致谢意。

由于笔者科研工作繁重,知识结构和业务水平有限,书中错误、遗漏之处在所难免,敬请广大读者和同仁批评指正,提出宝贵意见。

逯忠新

2008 年 6 月

# 目　　录

# 第一章　羊霉形体病概述

## 第一节　羊霉形体病的概念

羊霉形体病(Mycoplasmal diseases of sheep and goats)，泛指由霉形体侵入机体引起的绵羊和山羊的多种急性(或慢性)传染性疾病。由于羊霉形体种类繁多，所引起的疾病在临床上的表现也多种多样。因此，这一概念应是这一类疾病的总称。

引起羊霉形体病的致病因子——霉形体，是一类缺乏细胞壁的原核微生物，又称之为支原体、枝原体或菌原体。霉形体在自然界的分布极为广泛，既能从各种家畜，包括牛、绵羊、山羊、狗、鼠、鸡、人和一些野生动物中分离到，也能从土壤、植物、昆虫甚至自燃过的煤堆和酸性温泉等极端环境中分离到。最早分离和鉴定的霉形体是牛传染性胸膜肺炎(牛肺疫)的病原体——丝状霉形体丝状亚种小菌落型(*Mycoplasma mycodies* subsp. *mycoides* Small Colony Type)，而最早分离到的羊霉形体是从患有传染性无乳症的绵羊中分离到的无乳霉形体(*Mycoplasma agalactiae*)。迄今为止，已从绵羊和山羊中分离到了数百株霉形体，这些霉形体大多数都是在 20 世纪 60 年代以后分离到并通过鉴定加以分类的。目前，被确认的羊霉形体种类多达 23 个成员，其中 16 种为霉形体(Mycoplasma)，3 种为无胆甾原体(Acholeplasma)，2 种为厌氧原体(Anaeroplasma)，2 种为尿原体(Ureaplasma)。在这些霉形体中,有些种在绵羊和山羊中都存在,有些种只存在于绵羊或山羊中的一种。其中有些种在临床上经常被分离到,它们是无乳霉形体(*M. agalactiae*)、丝状霉形体山羊亚种(*M. mycoides* subsp. *capri*)和丝状亚种大菌落型(*M. mycoides* subsp. *mycoides* Large colony)、山羊霉形体山羊肺炎亚种(*M. capricolum* subsp. capripneumonia)、山羊霉形体山羊亚种(*M. capricolum* subsp. *capricolum*)、绵羊肺炎霉形体(*M. ovipneumoniae*)、牛霉形体(*M. bovis*)、精氨酸霉形体(*M. arginini*)、结膜霉形体(*M. conjunctivae*)、牛鼻霉形体(*M. bovirhinis*)和腐败霉形体(*M. putrefaciens*)等。

并不是所有的羊霉形体对山羊或绵羊都致病,有些能引起地方性流行性疾病,有些只能引起散发性病例;有的没有致病性,甚至有些霉形体种的不同分离株其致病性也不同。某些病原性霉形体所引起的疾病往往能导致严重的经济损失,其中被世界动物卫生组织(OIE)列入重要疾病名单的羊霉形体病就包括传染性无乳症(Contagious agalactia,CA)和山羊传染性胸膜肺炎(Contagious Caprine pleuropneumonia,CCPP)。在我国,发生较多和危害较大的主要是羊霉形体性肺炎(Mycoplasmal pneumoniae of sheep and goats),病原主要是丝状霉形体山羊亚种和绵羊肺炎霉形体,其他霉形体比较少见。另外,传染性无乳症在我国也存在,从20世纪50年代至90年代都有零星发生,曾被民间称之为"干奶病"。

有些在羊体内分离到的霉形体也能在其他动物中分离到,如丝状霉形体丝状亚种、牛鼻霉形体和颗粒无胆甾原体等。或者从其他动物体内分离到的霉形体也能在羊上发现,如牛霉形体、禽霉形体等。多数霉形体病主要是通过接触传播,可以经消化道、呼吸道或生殖道黏膜而发生感染。感染后通常表现为慢性经过，但也有少数表现为急性型，如传染性无乳症和山羊传染性胸膜肺炎在临床上均可见急性病例的发生。

霉形体病的症状表现多种多样，但主要侵害呼吸道、乳房、关节和眼部，少数侵害生殖器官和耳朵等其他部位。引起的病理变化也因霉形体的不同而千变万化，而且因缺乏特征性病变，加上霉形体病原不易分离鉴定，临床上对霉形体病的误诊常会发生，即使有经验的兽医也会如此，尤其在急性霉形体病发作时，病变与其他疾病相混淆而常发生误诊，造成较大经济损失。许多霉形体病的发病率很高，也有些死亡率高，加上临床诊断困难使疾病不易被确诊，如果不采取严格的防治措施，往往造成疾病长期存在，不易于控制和消灭。

## 第二节　羊霉形体病的种类

现在已经分离和鉴定的羊霉形体达数十种、数百株，大多数是从呼吸器官、关节、乳房和眼部分离到的，还有的是从生殖器官黏膜、脑和其他器官以及化脓灶等部位分离到的，所以不同的霉形体所致疾病的临床表现也就五花八门。就霉形体病常见感染部位和引起的病理变化而言，羊霉形体病的种类繁多，包括乳房炎、肺炎、胸膜炎、关节炎、角膜结膜炎、外耳中耳炎以及子宫内膜炎、尿道炎等，甚至可导致败血症和流产。

羊霉形体病的名称常依据其病原霉形体而来，如绵羊肺炎霉形体引起的绵羊或山羊增生性间质性肺炎常被称为绵羊霉形体肺炎。但这种叫法并不统一，有些疾病在不同国家或地区具有不同的名称，如在新西兰和英国也常将绵羊霉形体肺炎称为绵羊非典型性肺炎。另外，国内在翻译国外资料时，对同一疾病的翻译名称也不尽一致,而且还有一些地区性的俗名,不同文献中羊霉形体病的名称比较混乱,因此按照疾病名称对羊霉形体病进行分类比较困难。除此之外,还有一种疾病可以由多种霉形体引起,即传染性无乳症,病原包括4种霉形体:无乳霉形体、山羊霉形体山羊亚种、丝状霉形体丝状亚种大菌落型和腐败霉形体。这种复杂的病原因素也给疾病分类造成困难。本书主要根据霉形体种类及其致病性来阐述羊霉形体病。表1-1列出了临床上分离率较高的致病性羊霉形体种类及其分离部位和所致疾病。

表 1-1　主要致病性羊霉形体种类及其分离部位和所致疾病

| 序号 | 中文名 | 拉丁名 | 模式株 | 分离部位 | 所致疾病 |
|---|---|---|---|---|---|
| 1 | 无乳霉形体 | *M. agalactiae* | PG2 | 绵羊和山羊的乳房、关节、眼 | 传染性无乳症(关节炎、乳腺炎、眼炎等) |
| 2 | 山羊霉形体山羊亚种 | *M. capricolum* subsp. *capricolum* | Kid | 绵羊和山羊的眼、乳房和关节 | 胸膜肺炎、败血症、关节炎、乳腺炎、结膜炎、脓肿 |
| 3 | 山羊霉形体山羊肺炎亚种 | *M. capricolum* subsp. *capripeumoniae* | F38 | 山羊的肺脏、胸膜和气管 | 山羊传染性胸膜肺炎 |
| 4 | 丝状霉形体丝状亚种大菌落型 | *M. mycoides* subsp. *mycoides* Large colony | Y-goat | 绵羊和山羊的胸膜、肺脏、乳腺、关节 | 胸膜肺炎、败血症、关节炎、乳腺炎、结膜炎 |

| 序号 | 中文名 | 拉丁名 | 模式株 | 分离部位 | 所致疾病 |
|------|--------|--------|--------|----------|----------|
| 5 | 丝状霉形体山羊亚种 | *M. mycoides* subsp. *capri* | PG3 | 山羊的胸膜、肺脏、关节 | 胸膜肺炎、败血症、乳腺炎、关节炎 |
| 6 | 绵羊肺炎霉形体 | *M. ovipneumoniae* | Y98 | 绵羊和山羊的肺脏、气管、鼻腔、眼结膜 | 肺炎、胸膜炎 |
| 7 | 结膜霉形体 | *M. conjunctivae* | HRC581 | 绵羊和山羊的眼结膜 | 结膜炎 |
| 8 | 腐败霉形体 | *M. putrefaciens* | KS1 | 山羊的乳房、关节 | 乳房炎、关节炎 |
| 9 | 精氨酸霉形体 | *M. arginini* | G230 | 绵羊和山羊的呼吸道、生殖道 | 未知,患肺炎绵羊肺脏中可分离到,常污染培养细胞 |
| 10 | 牛霉形体 | *M. bovis* | Donetta | 山羊的肺脏 | 山羊肺炎、乳房炎 |
| 11 | 眼无胆甾原体 | *A. oculi* | 19L | 山羊和绵羊的眼结膜、生殖道 | 结膜炎 |

## 第三节　羊霉形体病的发现和研究

羊霉形体病的发生最早可追溯到 19 世纪,Metaxa 于 1816 年在意大利、Zanggen 于 1854 年在瑞士先后观察到绵羊和山羊传染性无乳症的存在,但直到 1923 年,传染性无乳症的病原才由 Bridre 和 Donatien 分离到,这也是历史上从羊体内分离到的第一个霉形体。由于与已知的牛传染性胸膜肺炎的病原（当时尚称为胸膜肺炎微生物，PPO）很相似，如形态学特征和营养要求等，后来称这一类微生物为类胸膜肺炎微生物（PPLO），直到1956年由Edward和Freundt加以分类，命名为无乳霉形体，在分类学上归入柔膜体纲。自此以后，随着霉形体培养技术的不断改进和电镜技术以及其他新技术的应用，从绵羊和山羊上分离到的霉形体种类逐渐增多，由病原性霉形体引起绵羊和山羊疾病的报道也就越来越多。

传染性无乳症主要由无乳霉形体引起，模式株为PG2，由Edward和Freundt于1973年从绵羊中分离到。可感染山羊和绵羊，表现为乳腺炎、关节炎和角膜结膜炎。主要发生于欧洲、西亚、美国和北非。但许多国家又从患乳腺炎和关节炎的绵羊和山羊中分离出山羊霉形体山羊亚种、丝状霉形体丝状亚种大菌落型和腐败霉形体，这三种病原感染羊的症状与传染性无乳症十分相似。因此，1999年在法国图卢兹会议上，传染性无乳症工作组达成一致意见将这四种霉形体都认为是传染性无乳症的病原。

能引起传染性无乳症的山羊霉形体山羊亚种，最初是1955年从美国加利福尼亚州羔羊关节炎中分离到，模式株为Kid株，早期认为只感染山羊，但后来在绵羊中也分离到，1974年被命名并分类。由山羊霉形体山羊亚种引起疾病的临床表现除关节炎、角膜结膜炎、乳腺炎外，还能导致类似于山羊传染性胸膜肺炎的严重胸膜肺炎甚至败血症，是干扰山羊传染性胸膜肺炎病原诊断的病原体之一。

山羊传染性胸膜肺炎是一种仅感染山羊且危害严重的传染病，最早的发病记载见于1889年Hutcheon的报道，当时还是英国殖民地的南非某群山羊中曾发生传染性胸膜肺炎。

现在该病则广泛流行于中东、西亚和非洲的各个养羊国家,已报道有该病流行的国家达 40 多个。山羊传染性胸膜肺炎病原的确定经历了一个漫长的过程,在 1976 年 Macowan 等从肯尼亚患传染性胸膜肺炎山羊中分离到霉形体 F38 株,在 1984 年明确其在山羊传染性胸膜肺炎中的重要作用以前,人们一直将丝状霉形体山羊亚种当作是山羊传染性胸膜肺炎的病原。目前,山羊霉形体山羊肺炎亚种被世界动物卫生组织界定为山羊传染性胸膜肺炎的唯一病原并被大多数研究者所接受。山羊霉形体山羊肺炎亚种 1993 年才由 Leach 命名并归入山羊霉形体种,成为山羊霉形体种的两个成员之一。

山羊霉形体山羊肺炎亚种与另外三种霉形体关系密切,即丝状霉形体丝状亚种大菌落型、丝状霉形体山羊亚种和山羊霉形体山羊亚种。这几种霉形体也可导致山羊发生纤维素性胸膜肺炎,在临床上经常被误认为就是山羊传染性胸膜肺炎。例如,在我国一直以来都将丝状霉形体山羊亚种引起的疾病认为是山羊传染性胸膜肺炎(或者将山羊传染性胸膜肺炎的病原认为是丝状霉形体山羊亚种),这与世界动物卫生组织所列的明显不一致。实际上,由其他三种霉形体引起的病变除了导致胸膜肺炎外,常常伴随其他器官的损害或者除胸腔外其他部分的病变,如乳腺炎、关节炎、角膜炎、肺炎和败血症等症状,即 MAKePS 综合征。而由山羊霉形体山羊肺炎亚种引起的病变仅限于胸腔,这也是真正山羊传染性胸膜肺炎最重要的临床特征。

与传染性无乳症和山羊传染性胸膜肺炎关系都很密切的一个重要的霉形体是丝状霉形体丝状亚种大菌落型,最初在 1956 年由 Law 等首次分离于一只患纤维素性胸膜肺炎的山羊,当时称为山羊 Y 株。山羊 Y 株与牛传染性胸膜肺炎的病原丝状霉形体丝状亚种小菌落型虽在血清学上密切相关,许多生化特征也与丝状霉形体丝状亚种小菌落型模式株 PG1相同,但它生长速度更快,菌落形态大,消化酪蛋白和液化凝固马血清,液体培养物也比 PG1 更浑浊,在 45℃ 条件下比PG1 株存活时间更长,当时被认为是丝状霉形体丝状亚种的一个异常株,但此后同类型的山羊分离株又有多次报道。1973年,Freundt 和 Edward 将其命名为丝状霉形体丝状亚种大菌落型并归类。丝状霉形体丝状亚种大菌落型在澳大利亚、新几内亚、苏丹、尼日利亚等地区都有分离,临床上可引起乳腺炎、关节炎、角膜炎、胸膜炎、肺炎和败血症等多种症状。但近年来分子生物学的研究结果表明,该霉形体和丝状霉形体山羊亚种很难区别,已有很多学者提出应将两者合并为同一个亚种。

　　丝状霉形体山羊亚种在我国被当作是山羊传染性胸膜肺炎的病原,由 Longley 在 1951 年首次分离。与此同时,Chu和 Bereidge 也成功地从发生纤维素性胸膜肺炎的山羊胸腔中分离到。1953 年 Edward 和 Freundt 将其作为山羊传染性胸膜肺炎的病原加以命名和分类,一直到 1976 年山羊霉形体山羊肺炎亚种被成功分离才被证明其并不是山羊传染性胸膜肺炎的病原。我国王栋等(1988)按 Freundt(1979)介绍的方法,系统地鉴定了来自山东、山西和新疆三个地区的山羊传染性胸膜肺炎病原,认为这些病原体都是丝状霉形体山羊亚种。因此,从世界动物卫生组织的鉴定看来,由于没有分离到山羊霉形体山羊肺炎亚种,还没有证据表明我国存在真正意义上的山羊传染性胸膜肺炎,临床发生的类似疾病应归于山羊霉形体性肺炎的范畴。

　　绵羊肺炎霉形体最先由 Mackay 在 1963 年从发生肺炎的绵羊肺组织中分离到,随后 Cottew 在澳大利亚绵羊的病肺中也发现该霉形体,并由 Carmichael 等证明了这种霉形体的致病性,建议将其命名为绵羊肺炎霉形体。目前,绵羊肺炎霉形体在新西兰、匈牙利、冰岛、英国和澳大利亚等都有发生。我国胡景韶等 1982 年在国内首次从发病绵羊上分离到一株绵羊肺炎霉形体,随后宁夏、新疆等地都从患肺炎的绵羊中分离到该霉形体,证明我国存在该病原。从山羊体内分离到绵羊肺炎霉形体最早见于 1979 年 Linvingston 等从西班牙和安哥拉山羊中分离到的微生物。我国王栋等 1991 年曾从辽宁、河北、甘肃等地区送检的疑为山羊传染性胸膜肺炎的病料中分离到 12 株绵羊肺炎霉形体。通过人工感染试验,证明了绵羊肺炎霉形体对山羊的致病性,这与 Goltz 等在 1986 年的研究结果一致。同年,邓光明等也证明绵羊肺炎霉形体是甘肃省华池县山羊传染性胸膜肺炎的病原。

腐败霉形体的名称首见于 1974 年 Tully 等发表的资料,因其在培养基中生长时能产生一种强烈的腐败气味而得名。实际上这种霉形体第一次分离应是 1956 年从美国加利福尼亚州病山羊关节中分离到的 KS1 株,KS1 株也是腐败霉形体的模式株。1980 年该病原被确认为传染性无乳症的病原之一。

Surman(1968)、Klingler(1969)和 Langford(1972)分别从山羊、绵羊结膜炎和角膜炎病例中都分离到结膜霉形体,1972 年由 Barible 建议设立新种,模式株为 HRC581。结膜霉形体可导致山羊和绵羊的结膜炎或角膜结膜炎,但一般都表现温和性症状,临床上出现严重的由结膜霉形体引起的角膜结膜炎,多数人认为还有其他致病因子的介入。

耳霉形体、库德氏霉形体和耶西氏霉形体都是 1994 年由 DaMassa 等建议的霉形体新种,三种霉形体的模式株分别为 UIA 株、VIS 株和 GIH 株,均是从临床健康的澳大利亚山羊外耳道分离,但对山羊是否具有致病作用尚不明确。阿德里霉形体模式株为 G145,最早是 1965 年从美国马里兰州山羊脚踝关节脓肿中分离到,但直到 1995 年才被 Del Giudice 建议为新种,目前该霉形体对山羊的致病性仍不明确。

Tully 和 Cottew 在 Al-Aubaidi 等 1972 年工作的基础上,于 1974 年对已分离的羊霉形体做了比较系统的分类工作。到目前,已确认的羊霉形体共 23 个成员,分布于柔膜体纲下属的 3 个目(霉形体目、无胆甾原体目和厌氧原体目)的 4 个属。表 1-2 列举了已知的羊霉形体种类、分离者以及分离鉴定时间。

表 1-2 羊霉形体种类、分离者以及分离鉴定时间

| 序号 | 属名 | 中文名 | 拉丁名 | 模式株 | 分离鉴定者 | 分离鉴定时间 |
|---|---|---|---|---|---|---|
| 1 | | 阿德里霉形体 | *M. adleri* | G145 | Rechard,Del Giudice | 1995 年 |
| 2 | | 无乳霉形体 | *M. agalactiae* | PG2 | Freundt | 1955 年 |
| 3 | | 精氨酸霉形体 | *M. arginini* | G230 | Barile, Del Giudice | 1968 年 |
| 4 | 霉形体属 | 耳霉形体 | *M. auris* | UIA | DaMassa,Tully | 1994 年 |
| 5 | | 牛鼻霉形体 | *M. bovirhinis* | PG43 | Leach | 1967 年 |
| 6 | | 牛霉形体 | *M. bovis* | Donetta | Hale | 1962 年 |
| 7 | | 山羊霉形体山羊亚种 | *M. capricolum* subsp. *capricolum* | Kid | Tully,Barile | 1974 年 |
| 8 | | 山羊霉形体山羊肺炎亚种 | *M. capricolum* sub- sp. *capripeumoniae* | F38 | Mac Owan, Minette | 1974 年 |
| 9 | | 结膜霉形体 | *M. conjunctivae* | HRC581 | Barile,Tully | 1972 年 |

| 序号 | 属名 | 中文名 | 拉丁名 | 模式株 | 分离鉴定者 | 分离鉴定时间 |
|---|---|---|---|---|---|---|
| 10 | 霉形体属 | 库德氏霉形体 | *M. cottewii* | VIS | DaMassa,Tully | 1994 年 |
| 11 | | 家禽霉形体 | *M. gallinaceum* | DD | Jordan | 1982 年 |
| 12 | | 丝状霉形体丝状亚种(大菌落型) | *M. mycoides* subsp. *Mycoides* Large colony | Y-goat | Edward,Freundt | 1973 年 |
| 13 | | 丝状霉形体山羊亚种 | *M. mycoides* subsp. *Capri* | PG3 | Edward,Freundt | 1953 年 |
| 14 | | 绵羊肺炎霉形体 | *M. ovipneumoniae* | Y98 | St. Gerorge, Carmichael | 1972 年 |
| 15 | | 腐败霉形体 | *M. putrefaciens* | KSI | Tully,Barile | 1974 年 |
| 16 | | 耶西氏霉形体 | *M. yeatsii* | GIH | DaMassa,Tully | 1994 年 |
| 17 | 无胆甾原体属 | 颗粒无胆甾原体 | *A. granularum* | BTS-39 | Edward,Freundt | 1970 年 |
| 18 | | 莱氏无胆甾原体 | *A. laidlawii* | PG8 | Edward,Freundt | 1970 年 |
| 19 | | 眼无胆甾原体 | *A. oculi* | 19L | Al-Aubaidi,Dardiri | 1973 年 |
| 20 | 厌氧原体属 | 非溶菌厌氧原体 | *A. abctoclasticum* | 6-1 | Robinson | 1975 年 |
| 21 | | 溶菌厌氧原体 | *A. bctoclasticum* | JR | Bobinson | 1973 年 |
| 22 | 尿原体属 | 相异尿原体 | *U. diversum* | T44 | Howard | 1982 年 |
| 23 | | 绵羊尿原体 | *U. ovine* | 1692 | Doig | 1977 年 |

## 第四节 羊霉形体病的流行概况

因致病性羊霉形体种类较多,分布广泛,所以羊霉形体病的分布范围非常广,几乎世界上所有养羊国家和地区都有不同种类的羊霉形体病发生,尤其在养羊业占畜牧业比重较大的中东、西亚和非洲不发达国家较为普遍。但一般来说,羊霉形体病多呈地方流行性,常见局部小范围暴发。

传染性无乳症和山羊传染性胸膜肺炎是目前世界上分布最为广泛的羊霉形体病,也是危害最为严重的羊霉形体病。造成传染性无乳症广泛流行的结果,是由于病原霉形体的种类多。在地理分布上,由无乳霉形体引起的绵羊和山羊的无乳症,最初多暴发于地中海国家,但后来在世界上许多地区如欧洲、西亚、东非、北非、非洲中部和美国都有发生;丝状霉形体丝状亚种大菌落型在澳大利亚、新几内亚、苏丹、尼日利亚、美国等地都有分离的报道;山羊霉形体山羊亚种最初从美国加利福尼亚州患病羔羊关节中分离,以后在南非、欧洲和北美洲都有因该霉形体导致伴发眼部炎症和关节炎的无乳症的报道。山羊传染性胸膜肺炎的发现已有百年历史,在非洲、西亚流行非常普遍,山羊霉形体山羊肺炎亚种最初是从肯尼亚患病羊群中分离出来并最终被确定为山羊传染性胸膜肺炎的唯一致病因子,目前已报道有该病发生的国家有 40 多个,主要分布在非洲、西亚、中东地区和欧洲的地中海沿岸国家。但有很多人认为该病的流行远不止已报道的这些地区,只是由于实验条件有限或者其他因素,没有分离到病原或未进行血清学调查,将多数养羊国家排除在流行区域之外的数据并不准确。临床上常发生由丝状霉形体丝状亚种大菌落型、丝状霉形体山羊亚种和山羊霉形体山羊亚种引起的类似于山羊传染性胸膜肺炎的疾病，多见伴发关节炎、结膜炎或乳腺炎的胸膜肺炎，这种类似山羊传染性胸膜肺炎的疾病在世界各养羊地区都有过报道。绵羊肺炎霉形体也能导致绵羊和山羊的慢性间质性肺炎，在新西兰和澳大利亚对绵羊的危害尤为严重，英国、匈牙利和冰岛等欧洲国家也常发生。

我国养羊历史悠久，是世界上绵羊和山羊存栏量最大的国家。随着养羊业的迅速发展，羊病也越来越多，越来越复杂，羊霉形体病的发生也比较普遍。最早有关羊霉形体病的资料见于1935年内蒙古自治区曾有流行山羊传染性胸膜肺炎的报道。1947年，西北防疫处邝荣禄报道甘肃省皋兰县于1942～1943年曾流行本病。其后，在内蒙古、华北、西北区域均发现本病。中国兽医药品监察所王栋等于1988年系统地鉴定了来自山东、山西和新疆三个地区的山羊传染性胸膜肺炎病原，认为我国的山羊传染性胸膜肺炎病原是丝状霉形体山羊亚种。最近也相继在贵州、湖南等地分离到与丝状霉形体山羊亚种模式株PG3接近的霉形体，说明我国广泛存在由丝状霉形体山羊亚种引起的羊霉形体病的流行。绵羊肺炎霉形体于1982年首次分离于四川省，其后在宁夏、新疆、四川、云南、辽宁、甘肃、江苏等地都有从患肺炎绵羊中分离的报道，王栋等曾从辽宁、河北、甘肃等地区送检的山羊病料中分离到12株绵羊肺炎霉形体，表明该病原在我国绵羊和山羊中都普遍存在。除以上两种霉形体外，青海、新疆等地都曾报道从发生"干奶病"的绵羊和山羊中分离到与无乳霉形体模式株PG2接近的微生物。由此可见，民间俗称的"干奶病"应是绵羊和山羊的传染性无乳症。

从国内有关羊霉形体和羊霉形体病的资料来看，由于相关研究起步较晚,现有羊霉形体病病原学和血清学数据不够充分,分离鉴定的霉形体株数量少、种类少、血清学资料缺乏,不能准确反应我国绵羊和山羊霉形体病的流行情况,尚有大量相关工作需要广大兽医工作者去完成。

## 第五节　羊霉形体病的危害

在重要的绵羊和山羊疾病中,霉形体病在非洲大陆和许多其他国家如希腊、法国、印度、以色列、意大利、葡萄牙、西班牙和美国都有导致严重经济损失的报道,有些羊霉形体病发病率和死亡率甚至可达 100%,如 1987 年美国曾发生一起700 只的羊群因霉形体性乳腺炎和关节炎而导致全群淘汰的事件。

霉形体可侵害绵羊和(或)山羊全身各个器官或组织,引起多种临床疾病,包括乳房炎、肺炎、胸膜炎、关节炎、角膜结膜炎、败血症甚至妊娠羊流产等。多数情况下发生慢性、长期性感染导致生产性能下降,如产奶量急剧降低,产肉量、产毛量也明显减少。在新西兰和澳大利亚等养羊业发达国家,这种长期性影响尤为显著,每年都造成近亿美元的直接和间接经济损失。某些霉形体可致急性败血症和死亡,如急性传染性无乳症和山羊传染性胸膜肺炎,地区性暴发时可能导致高发病率、高死亡率或高淘汰率,这种对羊群的直接毁灭性危害在西亚、非洲和美国都有发生,给当地的养羊业造成严重损失,也给依靠养羊业为主的畜牧业生产者带来很大冲击,直接影响到当地农牧民的生活。

霉形体病常因病原体不易分离或缺乏特异性临床病症而与其他疾病相混淆,造成临床诊断困难,即使是有经验的兽医也常将急性霉形体病误诊。例如,由山羊霉形体或者丝状霉形体引起的急性或过急性霉形体病能导致羊只毫无征兆的急性死亡,这种情况下,通常病理损伤很轻微,如果没有考虑到霉形体的因素,常规诊断极易将其归为未知病因的病例,未能及时采取控制措施,继而造成疾病在更大范围内发生,带来更多的经济损失。

有些羊致病性霉形体可在其他多种动物间传播,造成其他动物发病,如山羊霉形体和丝状霉形体的某些羊分离株可导致奶牛发病,造成乳房炎、关节炎和肺炎等疾患,危害范围扩大,给畜牧业造成的经济损失增加。

在我国,羊霉形体病的发生也比较普遍,尤其绵羊和山羊的霉形体性肺炎,资料表明发病率为 19%～90%,死亡率有时高达 40%～100%。根据包惠芳等 1997 年的血清学和病原学初步诊断结果,羊霉形体肺炎流行于我国 10 余个省、自治区,尤其对某些种羊生产基地危害严重,已成为影响我国养羊业发展的重要疾病之一。因此,防治羊霉形体病在我国还是一个长期而艰巨的任务。

# 第二章 羊霉形体病的病原学

## 第一节 霉形体的概念及特点

霉形体的发现是源于对牛传染性胸膜肺炎(牛肺疫)病原的探索。1898 年巴士德研究所首先从患牛传染性胸膜肺炎病牛的胸腔积液中分离到这种微生物,由于其菌落极小,单个菌体不易染色,故难做形态学鉴定,当时未能定下种名,只是笼统地称之为胸膜肺炎微生物(Pleuropneumonia organism, PPO)。从 20 世纪 20 年代起,人们又从各种动植物甚至是煤堆等极端环境中分离到与胸膜肺炎微生物类似的微生物,即统称为类胸膜肺炎微生物(Pleuropneumonia-like organism, PPLO),这个名称为人所共知,在科技文献中被引用了几十年,时至今日仍有少量文献使用该名称。进入 20 世纪 50 年代后,随着新的分离物越来越多和研究技术的发展,1967 年将该类微生物正式命名为霉形体。霉形体具有以下特点。

**(一)大小** 为 125～150 纳米,是能在无细胞培养基上自行繁殖的原核生物中的最小者,能通过 200～450 纳米的细菌滤器。

**(二)形态** 霉形体最基本的特征是缺乏一般细菌所特有的细胞壁,因而没有一定形态而呈多形性,仅由电镜下可见的三层界限膜代替细胞壁。与细菌 L 型的差异表现在霉形体能变成细菌形态,而细菌无法变成霉形体形态。

**(三)营养需要** 除无胆甾原体外,生长均需要胆固醇,经常在人工培养基中加入马血清等动物血清提供胆固醇。

**(四)菌落特征** 在固体培养基表面能形成特殊形态的菌落,如煎蛋状、乳头状和肚脐状。菌落很小,最大不超过 1 毫米,多为 50～600 微米,用肉眼观察困难,在低倍(40 倍)光学显微镜下可观察清楚。

**(五)抗菌药物敏感性** 凡是通过作用于细菌细胞壁而发挥杀菌作用的抗菌药物,如青霉素类药物和头孢菌素类药物,霉形体对其具有高度耐药性。但对大环内酯类药物如阿奇霉素、泰勒菌素等和四环素类药物如四环素、土霉素和金霉素等敏感。

**(六)抗体抑制生长发育** 霉形体具有与病毒类似的特异性中和抗体反应,在液体培养试管中,抗体能抑制其生长发育。

**(七)基因组** 染色体基因组中 G+C 含量低,而 A+T 含量高。密码子具有偏好性,如 TGA 编码色氨酸而非终止密码子。

# 第二节 霉形体的分类地位、基本形态和结构

## 一、分类地位

1956 年 Edward 和 Freundt 将类胸膜肺炎微生物正式命名为霉形体后,为区别于一般细菌,在分类学上专为霉形体及其类似微生物归属于一个微生物新纲——柔膜体纲,意即霉形体缺乏坚硬的细胞壁和合成细胞壁的基础成分,如胞壁酸和二氨基庚二酸。换言之,柔膜体纲微生物须符合以下特征:一是缺乏细胞壁;二是在固体培养基上能形成特殊形态的细小菌落,在低倍显微镜下大多数呈煎蛋状、乳头状或肚脐状,

极少数呈圆形隆起的颗粒状；三是能通过 200～450 纳米的细菌滤器；四是基因组富含 A、T；五是在任何条件下不能回复为具有细胞壁的细菌。在第九版《伯吉氏细菌系统分类学手册》(1984～1989)中显示，根据细菌的表形特征，柔膜体纲下所有细菌分为 33 组，霉形体属于第十组，下设一目即霉形体目。但根据最近对柔膜体纲内霉形体种系发生和分子生物学的研究结果，国际细菌系统分类学委员会柔膜体纲学分会(ICSB-ISTM)对柔膜体纲内的霉形体重新进行了分类，柔膜体纲内设有 4 目 5 科 8 属，共 160 多个成员。对霉形体的分类位置如表 2-1 所示。其中，目 I 即霉形体目下设 1 个科即霉形体科，科内设霉形体属和尿原体属 2 个属。本书中讨论的羊霉形体主要来自霉形体属，其他还有少数具有临床价值的霉形体来自尿原体属、无胆甾原体属和厌氧原体属。表 2-2 列出了羊霉形体的种类和分类地位。

表 2-1　霉形体的分类地位

| |
|---|
| 原核生物界 |
| 软壁菌门 |
| 柔膜体纲 |
| 目 I　霉形体目 |
| 　霉形体科 |
| 　　霉形体属 |
| 　　尿原体属 |
| 目 II　昆虫形体目(下设 2 科 3 种) |
| 目 III　无胆甾原体目 |
| 　无胆甾原体科 |
| 　　无胆甾原体属 |
| 目 IV　厌氧原体目 |
| 　厌氧原体科 |
| 　厌氧原体属 |
| 　无胆甾厌氧原体属 |

## 表 2-2　羊霉形体的种类和分类地位　(括号中为模式株)

| | |
|---|---|
| 目 I　霉形体目 | 耶西氏霉形体(GIH) |
| 霉形体科 | |
| 霉形体属 | 尿原体属 |
| 阿德里霉形体(G-415) | 相异尿原体(T44) |
| 无乳霉形体(PG2) | 绵羊尿原体(1692) |
| 精氨酸霉形体(G230) | |
| 耳霉形体(UIA) | 目 III　无胆甾原体目 |
| 牛鼻霉形体(PG43) | 无胆甾原体科 |
| 牛霉形体(Donetta) | 无胆甾原体属 |
| 山羊霉形体山羊亚种(Kid) | 颗粒无胆甾原体(BTS-39) |
| 山羊霉形体山羊肺炎亚种(F38) | 莱氏无胆甾原体(PG8) |
| 结膜霉形体(HRC581) | 眼无胆甾原体(19L) |
| 库德霉形体(VIS) | |
| 家禽霉形体(DD) | 目 IV　厌氧原体目 |
| 丝状霉形体丝状亚种大菌落<br>型(Y-goat) | 厌氧原体科<br>厌氧原体属 |
| 丝状霉形体山羊亚种(PG3) | 非溶菌厌氧原体(6-1) |
| 绵羊肺炎霉形体(Y98) | 溶菌厌氧原体(JR) |
| 腐败霉形体(KSI) | |

# 二、菌体形态

柔膜体纲成员是具有单细胞膜的真细菌,没有芽孢和细胞壁结构,不能合成胞壁酸和磷壁酸等细胞壁前体。这类微生物的共同形态特征是个体极小,一些活的球状细胞直径在300纳米以内,螺旋形丝状细胞直径可小至200纳米以内。

其中霉形体属成员的个体直径通常为150～600纳米。

由于霉形体不具有一般细胞的细胞壁，因此霉形体的形态具有高度的多形性。其形态易受外界环境因素的影响而改变，如培养基、染色液的pH变化、离子强度和渗透压改变、多种形式的繁殖方式等。故不论在培养基中还是在动物体内都没有一定的形态，有球状、球杆状、两极状、空泡状、环状、螺旋状和丝状，少数能形成分枝状的菌丝结构，以球形为常见。有些种有特异的末端结构，能携带黏附素和蛋白质，借此吸附于真核生物细胞和一些宿主动物细胞表面。霉形体属菌体细胞很少具有运动性，但在湿润的固态基质（如宿主的组织）表面，霉形体属的某些种能做滑行运动，如肺炎霉形体，这一特性与其细胞特殊的"顶端结构"有一定关系。

在很多情况下，霉形体的细胞形态取决于培养基中营养物质的质量、渗透压和培养物的菌龄。在液体培养基中，霉形体属的菌体随培养时间可出现不同的形态学时期：单细胞球形颗粒状（单个）、成双或3～5个细胞形成短链状（丝状），继而丝状体凝集呈团块状再崩裂为当初的颗粒状。尿原体属成员的新鲜液体培养物与霉形体属相似，菌体随培养基成分、pH、固定方法和检测手段不同而在形态学上稍有差异，有的呈圆形或椭圆形，也有的呈短杆状或分支的丝状等多形态。直径约330纳米，大致范围在100～850纳米，偶尔达1微米。具有致病性意义的羊霉形体的形态学特征参见表2-5。

# 三、基本结构及功能

霉形体的细胞结构不同于一般的细菌，最典型特征是缺乏细胞壁，但具备细胞膜、细胞质和核物质。

**（一）细胞膜** 细胞膜由电镜下可见的3层单位膜构成，

厚 7.5～11 纳米。内层和外层由电子密度高的蛋白质和糖类构成,中间层为电子密度稀薄的脂质构成。有的霉形体膜外层还包有一层 20～30 纳米厚的微荚膜样物质。

膜的化学成分中,蛋白质占 2/3,其余主要成分为脂类。膜蛋白质包括糖蛋白和酶蛋白,糖蛋白通常位于膜外表面,被认为是黏附于宿主细胞的结合位点。酶蛋白一般位于面向细胞质的一侧,霉形体属成员都有三磷酸腺苷酶以及涉及脂类合成的酶蛋白,在无胆甾原体细胞膜中还发现有尼克酰胺腺嘌呤二核苷酸(NADH)氧化酶和黄素蛋白酶。膜蛋白分布呈不对称性,其运动多为内外方向,横向运动常受膜内脂类物质物理状态的制约。

脂类是构成膜流动性的物质基础,霉形体膜中含有磷脂、糖脂、脂多糖和胆固醇等多种脂类。磷脂主要包括磷脂酰甘油和双磷脂酰甘油,还有和专性厌氧细菌一样的缩醛磷脂。典型的霉形体糖脂为含有 1～5 个糖基的糖基二酰酯甘油酯;脂多糖结构和革兰氏阴性细菌的脂多糖结构类似,而且也具有抗原性。霉形体属成员膜中胆固醇的含量较无胆甾原体高很多。需胆固醇霉形体不能合成膜内的脂肪酸,要借胆固醇来调节膜的流动性和提高膜的抗张强度。糖脂和脂多糖是霉形体与凝集素结合的位点。

膜蛋白和脂类的相对含量与培养物年龄有关。老龄霉形体膜内磷脂和胆固醇含量下降,蛋白比例上升,膜的流动性随之下降。

糖类是霉形体膜中的另一种重要成分,除参与糖脂和糖蛋白的组成外,还形成膜外的一些附属物。例如,丝状霉形体丝状亚种膜外的荚膜样物质,主要是由半乳聚糖组成,能对动物细胞产生毒性,是致病因子的一种。

**(二)细胞质** 细胞质是一种黏稠、无色透明和均质的复杂胶体,其内含有不同的细胞器,其外由细胞膜包围。细胞质的化学组成随菌龄、培养基不同而有所不同,其基本成分是水、蛋白质、核酸、脂类以及少量的糖和盐类。霉形体细胞质内的细胞器与其他细菌不同,不具有线粒体和高尔基体等,主要含有数量较多的核糖体以及分散于其中的环状双股 DNA。

霉形体核糖体的沉降系数约为 70S,RNA 和蛋白质的比例为 60:40。rRNA 有 3 种,即 22S(相当于细菌中的 23S)、16S 和 5S,其 G+C 含量比有壁细菌低。但 tRNA 中 G+C 含量与细菌接近。从核苷酸序列看,霉形体 tRNA 与革兰氏阳性菌较接近,与阴性细菌有较大的差异,但 rRNA 与细菌的差异明显,由于 rRNA 是进化上保守的大分子,因此将霉形体单独建立一个柔膜体纲以区别于其他细菌是得到分子系统发生理论支持的。

**(三)基因组** 与其他原核生物一样,霉形体基因组也没有核膜将染色体包围,只有一个裸露的环状染色体,由环状双链 DNA 分子构成,化学成分包括 DNA、蛋白质和磷脂等。

在系统发育上,霉形体与革兰氏阳性菌较为接近,其染色体 DNA 中 G+C 含量低,为 23%~35%,极少数能达到 41%(G+C 含量即 G+C 占 DNA 中 4 种碱基总量的摩尔百分比,常是反映细菌遗传性能的一种本质特征,是细菌分类鉴定的重要依据之一),仅相当于有壁细菌的 1/4~1/2。同时,霉形体基因组中 A+T 含量很高,如在山羊霉形体中,内含子A+T含量为 80%,外显子为 70%,而 rRNA、tRNA 约为50%,这说明霉形体正经受一个由 A+T 取代 G+C 的压力,这种压力在霉形体进化中可能起着重要作用。这种压力的一种体现是霉形体通常用 UGA 编码色氨酸,而很少用 UGG。

但在细菌中,通常 UGA 编码的是终止子。

基因组的大小体现生物的编码能力和生物合成的规模,霉形体基因组大小为 600～2 200kb,仅相当于大肠杆菌的 1/5。在能够独立繁殖的原核生物中,霉形体属和尿原体属的基因组是最小的。因而有人认为,霉形体代表了原核细胞与真核细胞分化以前的最初有机体的后裔,并建议称之为原始原核生物(Protocaryotes)。柔膜体纲中与羊有关各属的基因组特点参见表 2-3。

表 2-3　柔膜体纲与羊有关各属的基因组及其特点

| 分　类 | 公认的种 | G+C (%) | 基因组大小 (碱基对) | 宿　主 | 胆固醇需求性 | 最适温度 | 最适pH | 其他特性 |
|---|---|---|---|---|---|---|---|---|
| 霉形体属 Mycoplasma | 102 | 23～40 | $6 \times 10^5 \sim$ $1.35 \times 10^6$ | 人、动物 | 需　要 | 37℃ | 7.6～7.8 | 兼性厌氧,不分解尿素 |
| 尿原体属 Ureaplasma | 6 | 27～30 | $7.6 \times 10^5 \sim$ $1.17 \times 10^6$ | 人、动物 | 需　要 | 35℃～ 37℃ | 6±0.5 | 水解尿素 |
| 无胆甾原体属 Acholeplasma | 13 | 26～36 | $1.5 \times 10^5 \sim$ $1.65 \times 10^6$ | 动物、植物和昆虫 | 不需要 | 30℃～ 37℃ | 7.2～8 | 非严格厌氧 |
| 厌氧原体属 Asterolepalasma | 4 | 29～34 | $1.5 \times 10^5 \sim$ $1.6 \times 10^6$ | 牛羊瘤胃 | 需要或不需要 | 37℃ | 6.5～7 | 严格厌氧 |

霉形体基因组复制也是半保留复制,DNA 在细胞生长期不断合成,在细胞分裂期暂停。但与其他细菌不同,霉形体缺乏 DNA 聚合酶Ⅰ,这种酶对 DNA 修复至关重要,因此霉形体基因组的修复系统不够完善,基因复制错误率高,重组变异的能力较强,这也是导致同一种霉形体不同分离株毒力差异的原因之一。此外,与其他细菌一样,已发现某些霉形体中也存在质粒,这其中最为典型的是莱氏无胆甾原体,估计每个细

胞中含质粒 50～100 个。

# 第三节　霉形体的生理生化特性

## 一、染色特性

实验室常用染料中,用革兰氏染色法对霉形体进行染色呈阴性,但着色不佳或不能着色,因此一般不用革兰氏染色法对已知是霉形体的微生物染色。在常规显微镜检查中,霉形体的液体培养物用姬姆萨氏染色法和瑞氏染色法进行染色,菌体着色良好,多呈蓝色或淡紫色。也可用美蓝染色或卡斯坦奈达氏法染色,着色良好。

霉形体在固体培养基上生长形成的菌落极小,肉眼难以分辨,一般染色后易于观察。常用的染色方法是狄乃氏染色法,染液配方:美蓝 2.4 克,麦芽糖 10 克,天青 1.25 克,氯化钠 0.25 克,蒸馏水 100 毫升。染色时将染色剂滴在盖玻片上,待自然干燥后将盖玻片放在生长有菌落的琼脂上,菌落呈深蓝色着色,其他细菌 30 分钟后会脱色。

## 二、生长要求和培养特性

(一)对氧气的要求　多数柔膜体纲成员为兼性厌氧,在有氧条件下生长良好,但在用固体培养基培养时或初次分离时,应在减少氧浓度、增加二氧化碳的条件下生长为佳。某些来源于人的霉形体需在 5% 二氧化碳和 95% 氮气环境中培养。使用的固体培养基琼脂浓度以 1%～1.5% 为宜,一般可形成典型煎蛋状菌落。厌氧原体属成员为专性厌氧,暴露在空气中或微浓度的氧气中就会导致其死亡。除此之外,所有来源于羊的霉形体都可以在有氧环境下培养。

**（二）对温度和 pH 的要求**　柔膜体纲成员生长所需的温度变化范围较大。霉形体属在 25℃～40℃能生长，但生长缓慢，最适生长温度为 36℃～37℃，45℃加热 15～30 分钟，55℃下 5～15 分钟即被杀死；尿原体在 27℃～40℃下均可生长，但最适生长温度为 35℃～37℃；无胆甾原体的最适生长温度为 30℃～37℃。一般从羊体内分离到霉形体均应置于 36℃～37℃条件下培养。

霉形体属成员生长的 pH 为 7～8，但最适 pH 应为 7.6～7.8。尿原体属成员与大多数霉形体不同，最适 pH 为 6±0.5。厌氧原体属因在瘤胃中生存，其培养最适 pH 为 6.5～7。

**（三）营养需求**　迄今所描述的霉形体种均可在具有不同复杂性的无细胞人工培养基上生长，由于霉形体的基因组小，生物合成能力较弱，对培养基的营养要求高。人工培养基中除基础营养外，还需牛心浸液、酵母液、辅酶 I、氨基酸等。生长需要胆固醇的霉形体，尚需加入 10%～20%的动物血清用来提供胆固醇，尿原体还需加入尿素。为抑制其他细菌生长，常加入青霉素、醋酸铊或叠氮钠等药物。

**（四）生长速度和菌落形态**　霉形体的繁殖方式一般为二均分裂，也有芽生、丝状断裂或由大的菌体一次释放出较多的单体颗粒。多种霉形体的胞质分裂落后于基因组的复制，而形成多核丝状体。霉形体的繁殖方式可能与其种属有关，但同一种也可能因培养基条件、培养时间等不同而异，这也是缺乏细胞壁类微生物的繁殖特点。

霉形体在人工培养基中生长缓慢，平均生长周期为 1～3小时，长者达 6～9 小时。在液体培养基中的生长曲线与细菌相同，分为迟缓期、对数生长期、稳定期和衰老期。但生长量较少,生长 1～4 天后达到最高滴度,此时活体单元浓度最大可达 $10^9$ CFU(尿原体仅需 16～18 小时,但最高滴度仅能达到 $10^6$～$10^7$ CFU)。达到最大生长滴度时培养基呈不显著的浑浊或呈极浅淡的均匀浑浊,有时有小颗粒粘于管壁或沉在管底,肉眼较难观察。一般用颜色变化指示生长情况,观察时须与未接种管作对比来识别。根据分解产物的酸碱度不同,常用含不同基质的液体培养基加入 pH 指示剂(常用的指示剂是酚红)培养霉形体,可以根据培养基颜色变化来判断有无霉形体生长。常用的基质是葡萄糖、精氨酸和尿素。表 2-4 列出了常用基质在霉形体生长前后的颜色变化和 pH 变化情况。

**表 2-4　含不同基质培养基在霉形体生长前后的颜色和 pH 变化　(酚红为 pH 指示剂)**

| 培养基基质 | 生长前 | | 生长后 | |
| --- | --- | --- | --- | --- |
| | 培养基 pH | 培养基颜色 | 培养基 pH | 培养基颜色 |
| 葡萄糖 | 7.6～7.8 | 红 色 | 6.8 | 黄 色 |
| 精氨酸 | 7～7.2 | 微红色 | 7.4～7.8 | 红 色 |
| 尿 素 | 6±0.5 | 黄 色 | 7.4～7.8 | 红 色 |

霉形体在琼脂培养基上孵育 2～6 天,才能长出必须用显微镜才能观察到的微小菌落,直径从 100～600 微米不等,典型的菌落常呈圆形,边缘整齐、表面光滑,周边薄中央厚,呈煎蛋状,菌落中心深入培养基中,致密、色暗,周围长在培养基表面,较透明。但绵羊肺炎霉形体的菌落形态不典型,在一般浓度的固体培养基上形成无中心生长点(无中心脐)的菌落,在低浓度琼脂(<0.7%)上能长入培养基,可形成煎蛋状菌落。在含 0.3% 琼脂的半固体培养基中霉形体能生长出彗星状菌

落。表 2-5 列出了部分羊霉形体的菌体形态、营养要求和培养特征。

表 2-5　部分羊霉形体的菌体形态、营养要求和培养特征

| 霉形体名 | 菌体形态 | 营养要求 | 培养特征 |
|---|---|---|---|
| 无乳霉形体 | 多呈球状,有的呈短或中等长度的细丝状或分支链状 | 营养要求不严,但在无血清培养基中不生长 | 典型煎蛋状菌落,中等大小;液体培养轻度浑浊,表面能形成彩虹样薄膜 |
| 山羊霉形体山羊亚种 | 球杆状或丝状 | 营养要求不严,少量胆固醇即可生长,但在无血清培养基中不生长 | 典型煎蛋状菌落可长至直径数毫米大,液体培养24小时后可见明显浑浊 |
| 山羊霉形体山羊肺炎亚种 | 球杆状或丝状 | 营养要求严格,常用改良的 Thiaucourt 氏培养基 | 典型煎蛋状菌落,生长缓慢,培养较困难 |
| 丝状霉形体丝状亚种大菌落型 | 菌体长度相差很大,可形成有分支的丝状体 | 营养要求不严格 | 典型煎蛋状菌落,直径可达 1～3 毫米 |
| 丝状霉形体山羊亚种 | 多形性,可形成 10～30 微米的丝状体 | 专性需氧,营养要求不严,少量胆固醇即可生长,甚至在无血清培养基中也能轻度生长 | 煎蛋状菌落,液体培养可见浑浊 |

| 霉形体名 | 菌体形态 | 营养要求 | 培养特征 |
|---|---|---|---|
| 绵羊肺炎霉形体 | 细小且具多形性,以球形为主 | 营养要求较严,需胆固醇 | 菌落小,一般浓度琼脂上生长无中心脐,低于 0.7% 可形成典型煎蛋状菌落 |
| 结膜霉形体 | 呈球状、球杆状。有时可见 2~10 个球状菌体由细丝相连 | 不严,需胆固醇 | 菌落典型,煎蛋状,呈绿色、黄色或橄榄色,中心可见凸起 |
| 腐败霉形体 | 以球状为主,少数呈短丝状 | 营养要求不严。低浓度胆固醇促进生长,高浓度可抑制生长 | 液体培养可形成均匀明显浑浊,产生强烈腐臭味。固体培养臭味较轻 |
| 尿原体属 | 圆形或椭圆形,也有短杆状或分支的丝状 | 需尿素和动物血清 | 菌落极小,曾被称为 T 株,即 Tiny 株之意 |
| 无胆甾原体属 | 具多形性,多呈球形、双球形或丝状 | 不需胆固醇 | 可形成典型的煎蛋状菌落 |
| 厌氧原体属 | 多形态,呈球状、丝状、芽状和泡状 | 严格厌氧 | 用含有经高压灭菌过大肠杆菌细胞的培养基中,可形成透明带。菌落呈煎蛋状,直径可达 1 毫米 |

# 三、常用于培养霉形体的培养基

霉形体是一种无细胞壁的原核生物,体外培养时,对生长条件要求苛刻,选择适宜生长的培养基对霉形体体外培养能否成功十分重要。以下几种是常用的羊霉形体培养基,也适用于其他霉形体的培养。在这些培养基中,体外培养观察时所用的动物血清最好都首选未灭活的马血清,其次用56℃灭活的猪血清,然后才选择其他动物或鸡血清。如培养物用于制作高免血清,选用本动物血清可减少获得抗血清的非特异性交叉反应。在初次分离和转移培养时,应在培养基中加入醋酸铊,但如果霉形体在体外生长后,可将醋酸铊成分减去。

**(一)20%马血清马丁肉汤培养基**　马丁肉汤 800 毫升,健康马血清 200 毫升,25%鲜酵母浸出液 20 毫升,25%葡萄糖溶液 3 毫升,1.25%醋酸铊溶液 10 毫升,青霉素 200 单位/毫升。

**(二)Hartley's 牛心汤培养基**　牛心消化液 300 毫升,含1%水解乳蛋白的 Hank's 液 500 毫升,胰蛋白胨 4 克,青霉素 20 万单位,1%醋酸铊溶液 10 毫升,健康马血清 200 毫升,0.4%酚红溶液 2.5 毫升。

改良的牛心汤培养基除用 25%酵母浸出液 20 毫升代替胰蛋白胨外,其余成分相同。

**(三)Hayflick's 培养基**　PPLO 肉汤 700 毫升,健康马血清 200 毫升,25%酵母浸出液 100 毫升,1%醋酸铊溶液 25 毫升,青霉素 20 万单位,0.4%酚红溶液 5 毫升,用 1 摩/升氢氧化钠溶液调 pH 至 7.6~7.8。

**(四)KM2 培养基**　Eagle's 液 500 毫升,含 1.7%水解乳蛋白 Hank's 液 300 毫升,健康马血清 200 毫升,25%酵母浸出液

20毫升,青霉素20万单位,1%醋酸铊溶液10毫升,0.4%酚红溶液3.75毫升,用1摩/升氢氧化钠溶液调pH至7.6～7.8。

改良的KM2培养基是用MEM细胞培养基代替Eagle's液,其他成分相同。

**(五)PPLO培养基** PPLO肉汤240毫升,1.7%水解乳蛋白Hank's液400毫升,健康马血清200毫升,25%酵母浸出液160毫升,青霉素20万单位,1%醋酸铊溶液10毫升,0.4%酚红溶液2.5毫升,用1摩/升氢氧化钠溶液调pH至7.6～7.8。

**(六)Eaton's培养基** PPLO肉汤700毫升,健康马血清200毫升,25%酵母浸出液100毫升,蔗糖1克,1%醋酸铊溶液25毫升,青霉素20万单位,0.4%酚红溶液5毫升,用1摩/升氢氧化钠溶液调pH至7.6～7.8。

**(七)Thiaucourt's培养基** PPLO肉汤700毫升,健康马血清200毫升,25%酵母浸出液100毫升,50%葡萄糖溶液2毫升,50%丙酮酸钠溶液8毫升,1%醋酸铊溶液25毫升,青霉素20万单位,0.4%酚红溶液5毫升,用1摩/升氢氧化钠溶液调pH至7.6～7.8。

改良的Thiaucourt's培养基是在各成分不变的情况下改变了各成分的含量。

健康马血清250毫升,PPLO肉汤650毫升,25%酵母浸出液100毫升,50%葡萄糖溶液4毫升,25%丙酮酸钠溶液8毫升,1%醋酸铊溶液25毫升,青霉素20万单位,0.4%酚红溶液5毫升,用1摩/升氢氧化钠溶液调pH至7.6～7.8。

以上各种培养基制作时,将各成分分别经高压蒸汽灭菌或过滤除菌后混合,在无菌条件下,用灭菌过的1摩/升氢氧化钠溶液调pH至7.6～7.8。

液体培养基中加入琼脂,使含量达 1.3%～1.5%,即成固体培养基,固体培养基不含酚红。制作时将除健康马血清、醋酸铊、青霉素、酵母浸液等以外的其他成分经 103.4 千帕(121℃)高压蒸汽灭菌 30 分钟。待降温至 55℃～60℃时,按上述比例添加滤过除菌的其他成分后,倾倒在灭菌培养皿内,轻轻摇动混合均匀,静置凝固后即成琼脂平板。

此外,可用于培养羊霉形体的培养基还有改良纽氏(Newing's)胰蛋白肉汤和琼脂培养基、Gourlay's 培养基、山羊肉肝汤培养基(VFG)和 WJ 培养基等,这些培养基的主要成分大同小异,可根据不同习惯、试验条件和不同要求选择使用。

尿原体具有独特的性质,其培养基 pH 应维持在 6±0.5,除霉形体培养基的缓冲液成分和动物血清外,还应加入 0.01 摩/升的尿素和 0.01 摩/升的氯化二氢腐胺,培养基中不含有尿素则尿原体不能生长。另外,醋酸铊成分对尿原体的发育有抑制作用,只有在固体培养基中才使用。常用的尿原体培养基为:PPLO 肉汤 700 毫升,马血清 200 毫升,25%酵母浸出液 100 毫升,尿素 0.1%,青霉素 20 万单位,0.4%酚红溶液 5 毫升,用 1 摩/升氯化氢溶液调 pH 至 6±0.5。

无胆甾原体的培养基成分与霉形体培养基相似,只是不需要动物血清。

厌氧原体由于要求维持在极度厌氧的环境中才能生长,因此培养基的成分与其他属的霉形体不尽相同。最初分离厌氧原体的培养基(PIM)的主要成分包括高压蒸汽灭菌过的 0.5%大肠杆菌细胞(W/V)、苯唑青霉素、0.2%纤维二糖、胰蛋白酶、0.05%酵母浸出液、葡萄糖和 0.2%淀粉。琼脂培养基则去掉苯唑青霉素和大肠杆菌细胞。这种培养基能支持所有厌氧原体菌株的生长。

# 四、生化特性

霉形体的生化特性分析一般要根据以下几个试验进行。

**(一)葡萄糖发酵和精氨酸水解试验** 一般根据对糖类分解利用能力不同,将霉形体分为两群。一群能分解葡萄糖和其他多种糖类,产酸不产气,称为发酵型,发酵型霉形体接种于葡萄糖培养基后将产酸,pH 下降 0.5 以上;另一群不能分解糖,称为非发酵型,但能利用精氨酸作为碳源和能量来源,将这种霉形体接种于精氨酸培养基后能水解精氨酸释放氨,使培养基变碱,pH 上升 0.5 以上。还有少数霉形体例外,两者兼而有之或均不能利用。

**(二)尿素水解试验** 是区别尿原体与其他霉形体的一种试验。方法是将新鲜配制的 1‰尿素和 0.8‰二氯化锰溶液滴于受检菌落上,在显微镜下观察菌落颜色。尿原体因能产生尿素酶而水解尿素,释放二氧化碳和氨气,与二氧化锰反应形成深棕色菌落,其他霉形体不产生尿素酶,无颜色反应。

**(三)洋地黄皂苷敏感性试验** 用于区别需要与不需要胆固醇的霉形体。将干燥的洋地黄皂苷圆纸片贴于接种有霉形体的平皿中央,37℃培养后逐日观察,需要胆固醇的霉形体生长受抑制,纸片周围将出现抑菌圈。无胆甾原体不敏感,可紧贴纸片生长。

**(四)磷酸酶活性试验** 磷酸酶阳性的霉形体在含有二磷酸酚酞盐的琼脂平板上生长,产生的磷酸酶将二磷酸酚酞水解为游离的酚酞,遇氢氧化钠溶液后呈桃红色至深红色。

**(五)四氮唑还原试验** 某些霉形体能在需氧或厌氧条件下,还原三苯基氯化四氮唑(TTC),产生红色物质。

**(六)膜斑形成试验** 某些霉形体在含有马血清或卵黄的

琼脂培养基上生长,分解周围的脂肪酸,在培养基表面形成皱褶状薄膜,由于脂肪酸分解、释放并沉积钙盐和镁盐,在菌落下面和周围形成黑色斑点。

**(七)红细胞吸附试验** 少数致病性霉形体可吸附禽类的红细胞。在长有菌落的固体培养基表面,加入 2 毫升 0.25% 鸡红细胞生理盐水悬液,室温条件下静置 20 分钟,弃去红细胞悬液,用生理盐水轻轻洗涤培养基表面 3~5 次,在低倍镜下观察,菌落表面布满红细胞者为阳性,无红细胞者为阴性。

另外,少数霉形体株能液化明胶、消化凝固的马血清或酪蛋白,某些糖发酵霉形体能产生过氧化氢,在含血液的培养基中其菌落可形成 α 或 β 溶血。

在霉形体鉴定的过程中,应先做洋地黄皂苷敏感性试验,以确定分离物是否需要胆固醇,区分是否为无胆甾原体。再做葡萄糖、精氨酸水解试验将其分为发酵葡萄糖和水解精氨酸两类,以缩小血清学鉴定选用抗血清的范围。但霉形体种的鉴定必须用血清学方法或分子生物学方法做最后确定,这与细菌可用生化试验鉴定到种不同。羊霉形体的生理生化特征见表 2-6。

# 五、抗原特性

霉形体的主要抗原物质存在于细胞膜,主要成分为膜蛋白和糖脂。糖脂为半抗原,与蛋白质结合后具有抗原性,是产生体液免疫的抗原物质,可产生生长抑制、代谢抑制和补体结合抗体,可用相应抗血清做生长抑制试验(GIT)、代谢抑制试验(MIT)、免疫荧光试验(FA)和酶联免疫吸附试验(ELISA)等,进行霉形体的血清学鉴定或分型。除去脂类的糖蛋白抗原可引起细胞免疫,能抑制免疫豚鼠腹腔内巨噬细胞的移动,引起皮肤变态反应。因此,膜蛋白抗原是霉形体致病与免疫的关键因素。

表 2-6 羊霉形体的生理生化特征

| 种名 | 拉丁名 | 洋地黄皂苷敏感性 | 分解葡萄糖 | 水解精氨酸 | 分解尿素 | 膜斑形成 | 磷脂酶活性 | 分解甘露醇 | 四氮唑还原(需氧/厌氧) | 液化明胶 | 液化凝固马血清 | 分解七叶苷 | 分解杨梅苷 | 消化酪蛋白 | 吸附红细胞 |
|---|---|---|---|---|---|---|---|---|---|---|---|---|---|---|---|
| 阿德里霉形体 | M. adleri | + | - | + | - | - | - | - | | - | - | - | - | - | |
| 无乳霉形体 | M. agalactiae | + | - | - | - | - | + | - | +(+) | - | - | - | - | - | + |
| 精氨酸霉形体 | M. arginini | + | - | + | - | - | - | - | +(-) | - | - | - | - | - | - |
| 耳霉形体 | M. auris | + | + | + | - | - | + | - | | - | - | - | - | - | |
| 牛鼻霉形体 | M. bovirhinis | + | + | - | - | - | - | - | | - | - | - | - | - | |
| 牛霉形体 | M. bovis | + | - | - | - | - | + | - | +(+) | - | - | - | - | - | X |
| 山羊霉形体山羊亚种 | M. capricolum subsp. capricolum | + | + | + | - | - | - | + | +(+) | - | + | - | - | + | |
| 山羊霉形体山羊肺炎亚种 | M. capricolum subsp. capripeumoniae | + | + | - | - | - | + | - | +(+) | - | + | - | - | + | |

续表 2-6

| 种名 | 拉丁名 | 洋地黄皂苷敏感性 | 分解葡萄糖 | 水解精氨酸 | 分解尿素 | 膜斑形成 | 磷脂酶活性 | 分解甘露醇 | 四氮唑还原（需氧/厌氧） | 液化明胶 | 液化凝固马血清 | 分解七叶苷 | 分解杨梅苷 | 消化酪蛋白 | 吸附红细胞 |
|---|---|---|---|---|---|---|---|---|---|---|---|---|---|---|---|
| 结膜霉形体 | M. conjunctivae | + | + | - | - | - | - | + | +(W) | - | | - | - | - | |
| 库德氏霉形体 | M. cottewii | + | + | - | - | - | - | - | | | | - | - | - | - |
| 家禽霉形体 | M. gallinaceum | + | - | - | - | + | + | - | +(+) | - | - | - | - | - | - |
| 丝状霉形体丝状亚种（大菌落型） | M. mycoides sub-sp. Mycoides Large colony | + | + | - | - | - | - | + | +(+) | + | + | - | - | + | - |
| 丝状霉形体山羊亚种 | M. mycoides sub-sp. Capri | + | + | - | - | - | - | + | +(+) | + | + | - | - | + | - |
| 绵羊肺炎霉形体 | M. ovipneumoniae | + | + | - | - | - | + | + | +(W) | - | - | - | - | - | - |
| 腐败霉形体 | M. putrefaciens | + | + | - | - | - | + | + | +(W) | - | - | - | - | - | + |
| 耶西氏霉形体 | M. yeatsii | + | + | + | - | - | - | - | | | | - | - | - | |

续表 2-6

| 种名 | 拉丁名 | 洋地黄皂苷敏感性 | 分解葡萄糖 | 水解精氨酸 | 分解尿素 | 膜斑形成 | 磷脂酶活性 | 分解甘露醇 | 四氮唑还原(需氧/厌氧) | 液化明胶 | 液化凝固马血清 | 分解七叶苷 | 分解杨梅苷 | 消化酪蛋白 | 吸附红细胞 |
|---|---|---|---|---|---|---|---|---|---|---|---|---|---|---|---|
| 颗粒无胆甾原体 | A. granularum | − | + | − | − | − | − | | | | | | | | |
| 莱氏无胆甾原体 | A. laidlawii | − | + | − | − | − | − | | | | | + | + | − | |
| 眼无胆甾原体 | A. oculi | − | + | − | − | − | − | − | +(+) | | | + | + | − | |
| 非溶菌厌氧原体 | A. abctoclasticum | + | + | − | + | − | | | | | | − | − | − | |
| 溶菌厌氧原体 | A. bctoclasticum | − | + | − | − | | | | | | | − | − | − | |
| 相异尿原体 | U. diversum | + | + | − | + | | | | | | | − | − | − | |

W:弱反应;X:报告不一致

血清学方法在鉴定霉形体种的程序中是最重要的,是确定霉形体种的重要依据,一般用模式株免疫动物获得的抗血清建立血清学方法去鉴定新分离霉形体。但由于某些霉形体抗血清存在一定的种间交叉反应和高效价抗体难以获得等因素,难以将特异性、敏感性和操作简便等优点结合起来,最常用的血清学方法是生长抑制试验、代谢抑制试验和免疫荧光试验。

生长抑制试验是以经同源抗血清浸透过的圆纸片周围出现霉形体的生长抑制为基础的。在琼脂表面进行试验,生长抑制试验是特异性最高的血清学方法,但敏感性低。在最适条件下进行本试验时出现的抑制带宽度很少超过 4~5 毫米,因此本法需要高效价的抗血清,常规情况下,抑制带宽度大于 2 毫米时为同种,无抑制圈为异种。

代谢抑制试验是指利用同源抗血清抑制霉形体的代谢活性进行的试验。常用的有发酵葡萄糖抑制试验(FIT)、精氨酸代谢抑制试验(AIT)和尿酶代谢抑制试验。这种抑制活性与抗体吸附于霉形体细胞膜上继而引起的细胞代谢障碍和生长衰退有关,最后导致细胞溶解,可根据培养基中指示剂的颜色变化来判定是否被相应抗血清抑制代谢活性(颜色变化情况参见表 2-4),通常代谢抑制试验要比生长抑制试验敏感。

免疫荧光试验是发展较快和比较准确的血清学试验方法,现在常用的是表面荧光抗体试验(EPI-IFA),用已知抗血清制成荧光抗体,直接染色固体培养基上的菌落,然后在入射式光源荧光显微镜下观察菌落发出的荧光,其特异性与生长抑制试验一样,但敏感性要比生长抑制试验高得多,与代谢抑制试验相当。该方法有两个显著的特点,一是能查出琼脂培养物是否为 2 种或 2 种以上霉形体的混杂培养物,二是简单、省时。还可以利用其敏感性高对荧光抗体做适度稀释,从而降低异源菌株的非特异性荧光,增强其特异性。也可用抗血清与菌落反应后,再用荧光标记的二抗染色,增加敏感性。

这三种血清学方法是国际细菌分类学委员会霉形体分类分会推荐使用的标准血清学方法,此外还有补体结合反应、生长沉淀反应、双相免疫扩散、间接血凝等方法,在鉴定过程中最好使用两种以上的血清学方法同时进行,才能获得比较可靠的结果。

## 第四节　各种理化因素对霉形体的影响

霉形体在合适的条件下能生存很长时间,具有较高的抗灭活能力。对湿热、紫外线、各种射线以及常用的消毒剂、化学药物都比较敏感,但对以细胞壁为药物靶标的杀菌药物具有抗性,对低温和干燥有比较强的抵抗力。因此,可以用冷冻真空干燥的方法保存菌种。

### 一、对物理、化学因素的抵抗力

霉形体没有细胞壁,因此对理化因素敏感,在体外培养需要严格复杂的生长条件。生长环境温度、湿度和辐射等物理因素,都会对其造成一定的影响。一般来说,霉形体均可在低温环境下生存,液体培养物在 4℃ 保存 2 周不会失活,在室温下可存活 5 天左右,−20℃ 可保存 3 个月,−60℃～−80℃ 可保存 1 年,真空冻干保存时间更长。在含 0.3% 琼脂的半固体培养基中置于 −20℃ 可保存 1 年,含菌落的琼脂块置于 −60℃～−80℃ 也可保存 1 年,加 10% 脱脂奶经干燥可保存数年。

与羊相关的霉形体属、尿原体属、无胆甾原体和厌氧原体在20℃～40℃条件下均可生长,但体外培养时温度一般为37℃。45℃ 30分钟可以将大部分霉形体灭活,灭活效果与温度高低和时间长短成正比,温度越高,完全灭活所需时间越短。紫外线、各种灭菌射线包括超声波可在短时间内灭活霉形体。各种霉形体都有合适的pH环境和气体需要,超出相应的范围即可抑制霉形体的生长。

对常用浓度的重金属盐、石炭酸、来苏儿等消毒剂比细菌敏感,对表面活性物质洋地黄皂苷敏感,易被脂溶剂如乙醚、氯仿所裂解,但对醋酸铊、结晶紫、亚硝酸钾有较强抵抗力。

## 二、对抗菌药物的敏感性

霉形体因缺乏细胞壁,因此所有霉形体对影响细胞壁合成的抗菌药物如青霉素、先锋霉素有抵抗作用。大部分霉形体对放线菌素D和丝裂菌素C最为敏感,对影响蛋白质合成的抗菌药物如四环素、强力霉素、红霉素、氯霉素、螺旋霉素、链霉素等也都敏感。但与其他细菌一样,霉形体对抗菌药物的敏感性也会发生变异,不同种甚至同种不同株的霉形体对抗菌药物的抗性都有所不同。

大量的体外抑菌试验和体内治疗试验结果表明,一些抗菌药物对羊霉形体有较好的治疗作用,如泰乐菌素、泰妙菌素、北里霉素、利高霉素、强力霉素、大观霉素、四环素、卡那霉素、螺旋霉素、金霉素等。庆大霉素、土霉素也有一定的疗效。另外,喹诺酮类化学药物对动物霉形体也具有很强的抑菌治疗作用,不过值得一提的是,红霉素在体外对各种霉形体都有较好的抑菌作用,但在动物体内作用不佳或根本没有作用。另一种情况是霉形体在长期的药物治疗中会产生耐药性。虽然药物能不同程度地缓解动物霉形体病的临床症状,减轻发病程度,但它们都不能彻底根除体内已经感染的霉形体,一旦停药,疾病还会复发。

## 三、对营养因素的要求

霉形体与细菌在营养要求上有较大差别,由于霉形体的基因组小,生物合成能力较弱,对培养基的营养要求较细菌高且复杂。多数人工培养基都包含以下基本的营养要素,即牛心浸液、酵母液、辅酶Ⅰ、多种氨基酸和维生素等,以提供重要的营养因子。而生长需要胆固醇的霉形体,尚需加入 $10\%\sim20\%$ 的动物血清用来提供胆固醇和长链脂肪酸,尿原体还需加入尿素。

## 第五节　霉形体的病原性

霉形体为细胞膜表面寄生物,它吸附于组织细胞表面,与宿主细胞膜间相互作用,释放有毒代谢产物,使宿主细胞受损。除了直接损伤宿主细胞外,霉形体感染能产生广泛的异常免疫反应,造成多种组织损伤,出现多种临床表现。从绵羊和山羊上已经分离和鉴定出很多种霉形体,在这些霉形体中,有些已经明确在疾病发生中的作用,有些却还不清楚。

## 一、霉形体属成员的病原性

对绵羊和山羊具有致病性的霉形体多是来源于霉形体属,但也有部分从羊体内分离的种无致病性或尚未证明具有致病性。

**(一)无乳霉形体**　无乳霉形体既能感染山羊,也能感染绵羊,是重要的致病性霉形体。无乳霉形体所致疾病被称为绵羊和山羊的传染性无乳症。本病最初多暴发于地中海国家,但后来在世界上许多地区如欧洲、北非和美国都有发生。这种病名的定义并不科学,因为本病并不仅在成年绵羊或山羊中传播,术语"无乳症"意指只有雌性易感而实际上雄性也对本病易感。同时,已有许多报道表明还有其他霉形体也能导致无乳症的发生,如丝状霉形体丝状亚种大菌落型、山羊霉形体山羊亚种和腐败霉形体。

无乳霉形体病的高发病率使其具有重要的经济意义,本病的临床表现呈多样化,分为乳房炎型、关节型和眼型3种类型,有的病例呈混合型。根据病程不同又可分为急性型和慢性型2种。接触感染时潜伏期为12～60天,人工感染时为2～6天。急性型的病程为数天至1个月,严重的于5～7天内死亡。慢性型可延续至3～5个月。绵羊羔和山羊常呈急性病程,死亡率为30%～50%。急性临床症状通常能在母羊泌乳初期观察到,主要表现为乳腺疾患。炎症过程开始于1个或2个乳叶内,乳房稍肿大,触摸时感到紧张、发热、疼痛,乳房上淋巴结肿大,乳头基部有硬团状结节。随着炎症过程的发展,泌乳量逐渐减少,乳汁变稠而有咸味。随后乳汁凝固,由乳房流出带有凝块的水样液体。以后乳腺逐渐萎缩,泌乳停止。有些病例因化脓菌的存在而使病程复杂化,结果形成脓汁,由乳头排出。病羊乳汁中含有大量霉形体,血液中短期内也可检到霉形体。眼型可发生严重的角膜结膜炎,最初是流泪、羞明和结膜炎,2～3天后,角膜混浊增厚,变成白翳。白翳消失后,往往形成溃疡,溃疡的边缘不整、发红。经若干天以后,溃疡瘢痕化,以后白色星状的瘢痕融合,形成角膜白斑。再经2～3天或更长时间,白斑消失,角膜逐渐透明。严重时角膜组织发生崩解,晶状体脱出,有时连眼球也脱出来。无乳霉形体可在病羊关节中繁殖导致关节型,不论年龄和性别,可见1个或多个关节发炎,有时与其他病症同时发生。泌乳绵羊在乳房发病后2~3周,往往呈现关节疾患,大部分是腕关节和跗关节患病,肘关节、髋关节和其他关节较少发病。最初症状是跛行逐渐加剧,关节无明显变化,触摸患病关节时,羊有疼痛发热表现,2~3天后关节肿胀,屈伸时疼痛和紧张性加剧。病变波及关节囊和腱鞘相邻近组织时,肿胀增大而波动。当化脓菌侵入时,形成化脓性关节炎。有时关节僵硬,躺着不动,因而引起褥疮。病症轻微时,跛行经3~4周而消失。关节型的病程为2~8周或稍长,最后患病关节发生部分僵硬或完全僵硬。

传染性无乳症主要经消化道传染,也可经创伤、乳腺传染。吮吸发病羊初乳或乳汁可使哺乳期羊羔发病。病羊和病愈不久的羊,能长期带菌,并随乳汁、脓汁、眼分泌物、粪便、尿液排出病原体。不严格的挤奶操作或挤奶间卫生条件差可导致本病的迅速传播。

无乳霉形体还可引起其他临床疾病,如在印度,可从20%患有颗粒性外阴阴道炎的山羊中分离到本病原。Cottew等在1965年从澳大利亚发生胸膜炎和肺炎绵羊中分离到无乳霉形体,也有从胸膜肺炎山羊中分离到的报道,但肺炎不是该病原引起的常见症状。一般认为,无乳症的主要病型是伴发眼或关节疾患(有时伴发其他疾患)的乳房炎。

**(二)精氨酸霉形体** 精氨酸霉形体是由Barile等于1968年建议设立的新种,这种霉形体普遍存在于自然界,宿主非常广泛,通常可以从除羊之外的其他多种宿主如人、狗、猪、猩猩、狮子、老虎等动物和细胞培养物中分离到。但越来越多的人认为它来自绵羊和山羊,因为从羊中的分离率很高。曾在发生角膜结膜炎的绵羊中分离到,也有报道可从发生肺炎的绵羊肺脏、口和食管中分离出来。在试验感染山羊霉形体或丝状霉形体发生败血症的绵羊关节中也被分离出来过,但通常认为这种霉形体对羊没有致病性。将精氨酸霉形体注射到泌乳山羊乳腺管中并不能导致乳腺炎的发生,也不出现临床症状和病理变化,但却在乳腺中高滴度存活 9 天之久,能诱导中性粒细胞增多,但并没有改变乳汁的黏稠度和外观,经鼻腔、气管注入无特定病原(SPF)羔羊仅出现轻微的病理反应。

**(三)牛鼻霉形体** 牛鼻霉形体是牛呼吸道最常见的霉形体,1967 年由 Leach 命名并建议设立新种,模式株为 PG43。这种病原可从患呼吸道疾病的牛肺脏和鼻腔拭子中分离出,也能从其他一些内脏器官中分离到。大多数情况下,牛鼻霉形体并不引起临床症状,人工感染试验表明除了对牛乳房有温和性损伤外其病原性并不清楚。可以从山羊或绵羊中分离出牛鼻霉形体,但其与绵羊或山羊疾病的关系不清楚。

**(四)牛霉形体** 牛霉形体由 Hale 等 1962 年从暴发乳房炎牛群中首先分离到,所引起的乳房炎是严重的,并引起泌乳锐减,从感染群内非乳房炎牛中也能分离出来。牛霉形体原来被称为无乳霉形体牛亚种,模式株为 Donetta。该病原可从山羊肺脏中分离到,研究者们为弄清其对羊的致病性,将其接种到泌乳山羊的乳头小管进行观察,接种 3 天后感染羊发热,受感染乳腺肿大、变硬,5 天后乳腺肿大至接种前的 4 倍,而分泌的乳汁在接种 1 天后偶尔可见凝块,3～5 天后出现黄色浆液性分泌物,每毫升乳汁中霉形体数量可达 $4 \times 10^7$ CFU。组织学检查发现在泌乳小管、输乳窦和小叶间管中出现脓性分泌物。尽管黏膜上皮仍然完整,但泌乳小管、输乳窦和小叶间管中上皮和周围结缔组织中可见大量中性粒细胞和巨噬细胞。除了发热未见其他全身性反应,接种5天后也未从其他部位分离到牛霉形体。

在正常山羊以及病羊肺脏中都分离到了牛霉形体,所以这种霉形体对自然饲养羊的致病性还不能确定。给幼龄羊喂牛奶代替母羊奶可能会给牛霉形体在羊的口腔、食管、支气管和肺脏中定居提供机会。

**(五)山羊霉形体** 山羊霉形体是1974年由Tully等人建议设立的一个霉形体新种,最初只包括1955年在美国加利福尼亚州暴发疾病时分离的病原,也就是山羊霉形体山羊亚种,后来将引起山羊传染性胸膜肺炎的病原F38生物型定名为山羊霉形体山羊肺炎亚种,从而使山羊霉形体又新增一个亚种。

**1. 山羊霉形体山羊亚种** 山羊霉形体山羊亚种最初认为只是山羊的一种病原,但后来在绵羊、奶牛和野生北山羊中都有发现。有过自然感染绵羊导致关节炎的报道,但山羊常比绵羊多发。其模式株Kid株是从1955年美国加利福尼亚州患病羔羊中分离出来的,能导致严重的关节炎和高死亡率。这种霉形体不但分布很广且致病性强,尤其是在南非。临床症状为发热、败血症、乳房炎和严重关节炎,随后迅速死亡。剖检时可见肺炎病变,但肺炎不是山羊霉形体山羊亚种所引起疾病的主要特征。1999年山羊霉形体山羊亚种正式被认为是引起传染性无乳症的4种霉形体病原之一。

实验感染时,山羊霉形体山羊亚种可引起急性、亚急性和慢性疾病,可见败血症和严重关节病变,伴以关节周围皮下极度水肿,影响到离关节甚远的组织。羔羊出现短期发热但成年羊未见,感染3天后即可出现关节发热红肿、疼痛和站立不稳。山羊羔摄入含有 $1 \times 10^5$ CFU/毫升山羊霉形体山羊亚种的乳汁时即可致死,最早 24 小时后出现败血症,5 天后血液中能检到病原体,其他与被感染羊密切接触的幼羊可被传染并发病。直接将山羊霉形体山羊亚种注射至山羊乳头小管可引起无乳症并导致病羊死亡,病羊分泌的乳汁中含有大量病原,感染能迅速扩散至对侧乳区。除了引起山羊和绵羊的关节炎、乳房炎和败血症,该病原还能从奶牛乳腺、公牛精液以及母牛阴道中分离到。

**2. 山羊霉形体山羊肺炎亚种** 最早是在肯尼亚分离出来的,原称生物型 F38(模式株)。山羊霉形体山羊亚种只感染山羊,现在已被国际公认为是山羊传染性胸膜肺炎的唯一病原,其感染山羊的特征性病变仅限于胸腔,单纯感染不伴随其他器官的损害。典型病例表现为极度高热(41℃~43℃),感染羊无年龄性别差异,妊娠羊易发生流产。在高热 2~3 天后,病羊呼吸加速,显得痛苦,有时还发出呼噜声,持续性剧烈咳嗽。最后不能运动,两前肢分开站立,脖子僵硬前伸,有时嘴里不断流出涎水。死后剖检显示胸腔有纤维蛋白性渗出,呈稻草色,肺部伴有大范围的肝样变和纤维素性胸膜炎。

**(六)丝状霉形体** 丝状霉形体是最早发现的霉形体,也是目前分类比较复杂的霉形体。现有资料认为,丝状霉形体包括*丝状亚种*(*M. m.* subsp. *mycoides*)和*山羊亚种*(*m. m.* subsp. *capri*, Mmc),其中丝状亚种又包括大菌落型和小菌落型。能引起羊感染发病的是丝状亚种大菌落型和山羊亚种,而丝状亚种小菌落型因是牛传染性胸膜肺炎的病原而为世人所知,虽有从山羊分离的报道,但其对羊致病性不强。另外,丝状霉形体的这 3 个亚种又与山羊霉形体的 2 个亚种(山羊亚种和山羊肺炎亚种)以及霉形体牛群 7 型(*Mycoplasm* sp. bovine group 7)

组成了迄今仍然让分类学者大伤脑筋的丝状霉形体簇（*Mycoplasma mycoides* cluster）。

**1. 丝状霉形体丝状亚种大菌落型**　也有人将其称为丝状霉形体丝状亚种羊生物型（*Mmm* caprine biotypes），模式株为 Y-goat，因其在形态学和培养特性上与小菌落型显著不同而得名，在琼脂平皿上培养其菌落更大，在液体培养基中也生长更快，能消化凝固马血清和酪蛋白，在 45℃ 条件下比小菌落型存活时间更长。由丝状霉形体丝状亚种大菌落型引起的山羊疾病最早见于 1956 年 Law 等人的报道，此后在澳大利亚、新几内亚、苏丹、尼日利亚等地的山羊中都分离到。多数已知丝状霉形体丝状亚种大菌落型菌株都分离自山羊，但也有少数例外，如澳大利亚、法国和印度都有过从牛身上分离到该菌的情况，在尼日利亚还有一例从自然发病的绵羊身上分离的病例报道。在美国，本病原在新生羔羊群中可引起高达 90% 的发病率。

丝状霉形体丝状亚种大菌落型最主要的危害对象是奶山羊，它是已知引起传染性无乳症的病原之一，也是引起临床上类似山羊传染性胸膜肺炎疾病的病原之一。丝状霉形体丝状亚种大菌落型引起的临床表现包括关节炎或多发性关节炎、角膜结膜炎、淋巴结炎、心包炎、腹膜炎、乳腺炎甚至败血症，有些分离株可引起间质性或纤维素性肺炎和发热。实验感染时，注射部位出现蜂窝组织炎是很普遍的现象，引起的肺部损伤与接种途径有关，气管注射能引起与传染性胸膜肺炎一样的病变，即严重的胸膜肺炎。而静脉注射仅导致胸膜炎、温和性间质性肺炎和肺水肿。口服也可感染，羔羊可通过吸吮含有大量病原体的患病母羊乳汁而感染，这也是羔羊发病率高的主要原因。但口服感染需要达到一定的剂量，单次口服强毒 GM12 株剂量≥$1 \times 10^6$ CFU,可诱导羔羊出现临床症状,并且导致 73%羔羊因败血症死亡。但也需了解,有些弱毒力株通过口服途径感染不能诱导发病。

复制的疾病可通过接触传播,在 Damassa 等人进行的感染实验中,57%的对照羊因与感染羊接触而发病,最终死亡。95%感染羔羊体温可升高至 42.3℃,接种 4～5 天后关节发热、红肿。剖检后发现,受感染羊羔发生脓性-纤维素性-多发性关节炎,肺实变,胸腔积液,肺脏与胸壁发生纤维素性粘连。通常可在 1 个或多个肺小叶出现肺泡塌陷和肉样变,外包一层纤维性渗出物,可见的肺损伤还包括支气管扩张和肺脏高度水肿。关节周围皮下组织充满红色胶状液体,常见腱鞘炎,关节腔中有大量渗出物,从不等量的黄色黏性分泌物到大量脓性纤维性沉积物都可见。存活时间超过 7 天的羔羊关节软骨萎缩。

人工感染羔羊有时还可出现弥漫性腹膜炎,肾脏、肝脏和脾脏充血肿大,胆囊扩张,脑膜充血。也偶可见心包炎。但不同地区来源的山羊对同一分离株的易感性有差异,如数株从北美和欧洲发生乳腺炎、关节炎山羊上分离的丝状霉形体丝状亚种大菌落型却不能在饲养于非洲的山羊上引起感染。

由丝状霉形体丝状亚种大菌落型引起的山羊肺部病变和组织学变化与丝状霉形体山羊亚种所引起的变化非常相似,不能区分。

**2. 丝状霉形体山羊亚种**　Longley 在 1951 年首先分离到了这种霉形体,Chu 和 Bereidge 同时期也从病羊中分离出来 PG3 株,后来被定为丝状霉形体山羊亚种的模式株。这种霉形体很长时间以来一直被错误地当作是山羊传染性胸膜肺炎的病原,现在已明确它并不是真正的病原。尤其近年来临床上从传染性胸膜肺炎发病山羊中分离到这种霉形体的报道也越来越少,进一步提示它并不是传染性胸膜肺炎真正的致病因子。但在我国,自1956年首次从发生类似山羊传染性胸膜肺炎的病羊体内分离到这种病原以来,国内资料一直将由丝状霉形体山羊亚种引起的疾病称为传染性胸膜肺炎。这与世界动物卫生组织界定的传染性胸膜肺炎明显不同。严格来讲,这不是真正意义上的山羊传染性胸膜肺炎。

丝状霉形体山羊亚种可以自然感染山羊引起乳腺炎、胸膜肺炎,也可从发生关节炎的山羊病例中分离到,但目前还未有从自然感染的绵羊体内分离到的报道。

将丝状霉形体山羊亚种注射到山羊乳头导管中可以实验性地导致山羊泌乳量降低直至无乳症发生,但丝状霉形体山羊亚种并不是引起传染性无乳症的病原之一。剖检实验感染羊,在接种病原的乳区可见脓性分泌物产生,乳腺淋巴结肿大。早期组织病理学变化表现为伴随大量中性粒细胞浸润乳腺间隙的脓性乳腺炎,进而发展成慢性间质性乳腺炎,伴随乳腺实质萎缩并最终纤维化。丝状霉形体山羊亚种并不向感染羊对侧乳区扩散,病羊体温和食欲在感染后仍然正常,这与腐败霉形体感染类似。但在尼日利亚进行的相似感染实验却表明,他们分离的丝状霉形体山羊亚种菌株不能引起乳腺炎。因此,丝状霉形体山羊亚种对乳腺的侵袭应该具有菌株的特异性。

气管接种丝状霉形体山羊亚种可引起山羊胸膜肺炎,这种疾病与丝状霉形体丝状亚种大菌落型所导致的胸膜肺炎非常类似,不能区分。感染山羊高热、不食,剖检可见损伤主要在肺部、胸膜和心包。肺小叶有不同程度的肝样变,小叶间隔扩大。胸膜常被渗出性纤维覆盖并与膈膜、心包和胸壁粘连。

常见胸腔积液和纤维素性心包炎,病变器官的淋巴结,尤其是支气管、纵隔、下颌和咽后淋巴结增大、水肿、出血。最显著的组织病理学变化是肺水肿、肺泡间隔充血和急性化脓性支气管肺炎以及急性化脓性胸膜炎。

丝状霉形体山羊亚种的模式株 PG3 在血清学上与丝状霉形体丝状亚种大菌落型的模式株 Y-goat、GM12 株和 MmmSC 的 PG1 株都有区别,但丝状霉形体山羊亚种和丝状霉形体丝状亚种大菌落型分离株之间常出现显著的血清学交叉反应。正因为如此,某些临床分离的丝状霉形体山羊亚种或丝状霉形体丝状亚种大菌落型菌株常常不能准确鉴定到哪一亚种。利用高分辨率的 2-D 电泳试验也证实丝状霉形体山羊亚种和丝状霉形体丝状亚种大菌落型之间抗原谱非常接近。因此,结合丝状霉形体簇系统发生学和分子生物学的最新资料,目前已有很多学者提出,在分类学地位上丝状霉形体山羊亚种和丝状霉形体丝状亚种大菌落型应合并为同一个亚种。

**(七)结膜霉形体** 结膜霉形体可导致山羊和绵羊结膜炎或角膜结膜炎,常能在羊的眼睛、鼻咽部分离到。感染羊表现为流泪、结膜充血、角膜翳、虹膜炎和角膜炎。羚羊能被感染并表现更为严重的临床症状,甚至导致眼睛全瞎。从患角膜结膜炎而未经药物治疗自然恢复的绵羊和山羊眼部也分离到过结膜霉形体。

由结膜霉形体导致的疾病通常表现温和,病程持续约 1 周,严重时可持续 1 个月以上。用结膜霉形体纯培养物结膜下接种试验山羊可复制出与自然发病时一样的临床症状,包括眼球和眼睑血管充血、流泪增多等。人工感染绵羊时,与感染羊接触过的健康绵羊也可发病,临床症状总体来说都比较轻微或者很快消失,但也有部分绵羊发生病情反复的现象。

肉眼可观察到病羊流泪增多、瞬膜淋巴结增多、结膜充血、角膜混浊等。微观病变主要表现为瞬膜、结膜下广泛的单核细胞浸润。

**（八）禽霉形体** 禽霉形体是 Chu 等 1954 年首先从鸡体内分离到的一种非致病性霉形体，一般认为是非致病性，但也有报道说能致死鸡胚。该霉形体主要感染鸡和火鸡，但感染后不产生临床症状和病理损伤，持续时间较长，容易从感染者中再分离得到。从各种年龄的鸡和火鸡呼吸道都能分离到鸡霉形体。Stipkovits 等 1975 年从鹅胚中也分离到禽霉形体，能实验性地引起小鹅的气囊炎和腹膜炎。而从绵羊和山羊上分离到禽霉形体的首次记载见于 Tully 等 1979 年撰写的《人和动物霉形体》一书，但其致病性意义不明。有学者提到曾两次从农场散养山羊的胎盘中分离到该霉形体，但其致病性意义也未知，作者怀疑是因农场饲养家禽污染所致。

**（九）绵羊肺炎霉形体** 绵羊肺炎霉形体最先由 Mackay 在 1963 年从发生肺炎的绵羊肺脏中分离。患病绵羊的肺脏、气管、鼻腔中本病原的分离率很高，偶尔能从眼部分离成功。多数研究者认为绵羊肺炎霉形体是绵羊增生性间质性肺炎的原发性病原。但在新西兰，绵羊肺炎霉形体和 A 型溶血性巴氏杆菌（现称溶血性曼氏杆菌）的协同感染才是造成该国绵羊慢性非典型性肺炎长期存在于羔羊群的主要原因。

绵羊肺炎霉形体在新西兰、匈牙利、冰岛、英国和澳大利亚等国都有发生。我国 1982 年在四川省从新西兰引进的边区莱斯特种羊的后代羔羊中首先分离鉴定到绵羊肺炎霉形体，随后流行于宁夏、新疆、河北、山西、甘肃等地，说明我国绵羊群中广泛存在该病原。

绵羊肺炎霉形体也能感染山羊。最早是 1979 年从西班牙和安哥拉山羊中分离到的。我国 1991 年也从辽宁、河北、甘肃等地区疑为山羊传染性胸膜肺炎的病料中分离到绵羊肺炎霉形体,并通过人工感染试验,证明了其对山羊的致病性。

用绵羊肺炎霉形体经静脉接种、气溶胶接种和接触感染都能引起低日龄羔羊增生性间质性肺炎。特征性微观组织损伤表现为肺泡壁增厚和终末细支气管上皮组织增生,肺脏萎缩塌陷,这种表现在绵羊和山羊的试验感染结果相似,但常常从剖杀山羊或绵羊羔中不能再分离到病原。

近年来有很多报道称该病原能从健康绵羊呼吸道中分离出来。因此,绵羊肺炎霉形体分离株的致病性需要试验证实。

**(十)腐败霉形体**　腐败霉形体在液体培养基中生长时能产生一种强烈的腐败气味,其模式株是从 1956 年美国加利福尼亚州病山羊关节中分离到的 KS1 株霉形体。1980 年被确认为传染性无乳症的 4 种病原之一。

腐败霉形体只感染山羊,引起山羊严重的关节炎和乳腺炎。自然发病能导致关节炎,主要影响腕关节、后肢踝关节和膝关节,病变关节腔抽取物中存在大量病原。很多情况下泌乳山羊表现为严重的乳腺炎,乳腺组织中性粒细胞浸润、纤维化和淋巴结肿大,但乳腺泡中的病变更为严重。所产奶中含有大量的腐败霉形体,散发出腐臭味。有过从感染山羊脑、肾脏、肺脏、子宫和尿液等非腐败霉形体嗜性器官中分离到病原的报道,但不常见。

自然状态下,羔羊可通过吸吮感染乳汁发生感染,导致关节炎和败血症。受感染羔羊的主要病理损伤表现为关节腔内急性纤维素性渗出和滑液层坏死,2 月龄左右的羔羊则表现关节周围组织大量淋巴细胞-浆细胞浸润。

人工向泌乳山羊乳头小管接种低至 50 CFU 的腐败霉形

体强毒（GM1株）即可导致乳腺炎和无乳症的发生，但除了导致乳腺炎和无乳症外不表现其他临床症状，患病山羊不发热，病原也仅限制于受感染乳区而不扩散至对侧乳区。羔羊经口腔、鼻腔、肌肉和腹腔人工接种时不出现除关节炎外的其他临床症状，不发热，血液中也分离不到病原。

**（十一）其他种霉形体** 耳霉形体（*Mycoplasma auris*）、库德氏霉形体（*Mycoplasma cottewii*）和耶西氏霉形体（*Mycoplasma yeatsii*）都是 1994 年由 DaMassa 等命名的霉形体新种。3 种霉形体的模式株分别为 UIA 株、VIS 株和 GIH 株，均是从临床健康的澳大利亚山羊外耳道分离。目前，对它们是否具有对山羊或绵羊致病的作用不清楚。阿德里霉形体（*Mycoplasma adleri*）模式株 G145 最早是从 1965 年美国马里兰州山羊脚踝关节脓肿中分离，但直到 1995 年才被 Del Giudice 建议为新种。但这种霉形体是否对山羊具有致病性也不清楚。

## 二、尿原体属成员的病原性

尿原体属也是霉形体科成员。在绵羊和山羊尿生殖道都分离到过尿原体，目前确定的羊尿原体种包括相异尿原体（*Eaplasma diversum*）和绵羊尿原体（*Ureaplasma* sp. *ovine strain*）。从绵羊阴道颗粒性瓣膜炎中有时能分离到绵羊尿原体，但从正常绵羊尿生殖道中也能分离到。因此，它们与绵羊或山羊疾病的关系仍不太清楚。

## 三、无胆甾原体属成员的病原性

从绵羊和山羊上分离到的其他霉形体还包括颗粒无胆甾原体（*Acholeplasma granularum*）、莱氏无胆甾原体（*Achole-*

*plasma laidawii*)和眼无胆甾原体(*Acholeplasma oculi*)。颗粒无胆甾原体目前仅从绵羊和山羊生殖道分离到几株且与疾病的关系不明,模式株为 BTS-39 株。莱氏无胆甾原体广泛存在于多种动植物中,模式株为 PG8,可从宿主呼吸道分离到,绵羊和山羊分离率比其他宿主要低,一般无致病性。但也有人经乳头小管接种泌乳山羊,可引起乳房炎病,导致产奶量减少 90% 甚至无乳,不过产奶异常仅见于接种病原的乳区。眼无胆甾原体的模式株为 19L,可从患角膜炎或结膜炎的山羊、绵羊中分离到,也可从临床健康的其他动物如猪、马、牛等分离到。1973 年在美国明尼苏达州有过自然发病的病例,从患角膜结膜炎的山羊结膜拭子中分离到的眼无胆甾原体,回归山羊后可引起不同程度的结膜炎,在有些羊还可导致肺部损伤甚至死亡。

## 四、厌氧原体属成员的病原性

厌氧原体目下的非溶菌厌氧原体(模式株为 6-1 株)和溶菌厌氧原体(模式株为 JR 株),都是从绵羊和山羊瘤胃中分离到的,但一般认为没有致病性或缺乏更明确的相关资料。

# 第三章　羊霉形体病的流行病学

家畜传染病流行病学是研究传染病在畜群中发生、发展及分布规律和影响分布规律的因素，并制定预防、控制和消灭传染病的对策与措施的科学。

## 第一节　羊霉形体病流行病学的基本概念

### 一、羊霉形体病流行过程的基本环节

家畜传染病的一个基本特征是能在家畜之间直接接触传染或间接地通过媒介（生物或非生物）互相传染，造成流行。家畜传染病的流行过程就是从家畜个体感染发病发展到群体发病的过程，也就是传染病在畜群中发生、发展的过程。传染病在畜群中蔓延流行必须具备三个相互连接的条件，即传染源、传播途径和易感动物。这三个条件常统称为传染病流行过程的三个基本环节。当这三个条件同时存在并相互联系时就会造成传染病的发生和流行。掌握羊霉形体病流行过程的基本条件及其影响因素，有助于制定正确的防治措施，控制其传播。

（一）传染源　患霉形体病的羊，不论其是否表现出明显的临床症状，都是本病的传染源。传染源是指有某种传染病的病原体在其中寄居、生长、繁殖，并能排出体外的动物机体。羊霉形体主要存在于患病羊的呼吸道、肺脏、乳腺等组织器官中。病原菌不定期地随乳汁、眼角和鼻腔分泌物排出体外，有

些羊霉形体也可以随粪便排出体外。病羊的分泌物可以持续排菌长达数月甚至1年以上，对羊群危害相当大。更严重的是，患无乳霉形体病的泌乳羊，因乳汁中含有无乳霉形体，污染挤奶工人的手、器具和外界环境等而散布病原。至于病原体污染的各种外界环境因素(羊舍、饲料、水源、空气、土壤等)，由于缺乏适宜的温度、湿度、酸碱度和营养物质，加上自然界很多物理、化学、生物因素的杀菌作用等，不适于病原体较长期的生存、繁殖，因此都不能认为是传染源，而应称为传播媒介。

**(二)传播途径** 羊霉形体病的发生和传播包括多种因素，是一个十分复杂的过程，除由于易感动物直接接触病羊及其排泄物外，也可以通过被污染的饲料、饮水、环境、用具等媒介间接传染。

**1. 直接接触传播** 是指霉形体通过被感染的绵羊和山羊(传染源)与易感羊直接接触(交配、舔咬等)而引起的传播。这种方式使疾病的传播受到限制，一般不易造成广泛的流行。

**2. 间接接触传播** 病原体通过传播媒介使易感羊发生传染的方式，称间接接触传播。从传染源将病原体传播给易感动物的各种外界环境因素称为传播媒介。传播媒介可能是生物体，也可能是无生命的物体。

(1)经空气(飞沫、尘埃)传播 空气不适合任何病原体的生存，但空气作为传染的媒介物，可以成为羊霉形体在一定时间内暂时存留的环境。羊霉形体病经空气而散播的传染主要是通过飞沫和尘埃为媒介而传播的。

(2)经污染的饲料和饮水传播 以消化道为主要侵入门户的传染病，其传播媒介主要是被污染的饲料和饮水。如无乳霉形体，也可以通过污染的饲料和饮水传播，病羊的分泌物、排出物和病羊尸体及其流出物污染了饲料、饮水而传染给易感羊。因此，在防疫上应特别注意防止饲料和饮水的污染，防止饲料仓库、饲料加工厂、羊舍、牧地、水源、有关人员和用具的污染，并做好相应的防疫消毒卫生管理。

（3）经污染的土壤传播　随病畜排泄物、分泌物或尸体一起落入土壤而能在其中生存很久的病原微生物可称为土壤性病原微生物。有些报道称霉形体在土壤中能存活很长时间。

（4）经活的媒介物而传播　如无乳霉形体，可以通过挤奶工人的手作为传播媒介传播。

**（三）羊群的易感性**　不同品种的羊对霉形体的易感性不同，如山羊对丝状霉形体山羊亚种易感，而丝状霉形体山羊亚种不感染绵羊。羊易感性的高低虽与病原体的种类和毒力强弱有关，但主要是由羊的遗传特征、特异免疫状态等因素决定。外界环境条件如空气、饲料、饲养管理卫生条件可能直接影响羊的易感性和病原体的传播。

## 二、影响羊霉形体病流行过程的因素

造成羊霉形体病的流行，必须具备患病羊、传播途径和易感羊三个环节。只有这三个基本环节相互连接，协同作用时，羊霉形体病才有可能发生和流行。保证这三个环节相互连接、协同起作用的因素是羊活动和所在的环境和条件，即各种自然因素和社会因素。它们对流行过程的影响是通过对病羊、传播途径和易感羊作用而发生的。

**（一）自然因素**　对流行过程影响的自然因素，也称之为环境决定因素，主要包括地理位置、气候、植被、地质水文等。它们对三个基本环节的作用如下。

**1. 作用于传染源**　自然因素对传染源这一环节的影响，

如一定地理条件(海、河、高山等)对患有霉形体病的羊转移产生一定的限制,成为天然的隔离条件。季节转换,气候变化引起机体抵抗力的变动,如绵羊肺炎霉形体的隐性病羊,在寒冷潮湿的季节里病情恶化,咳嗽频繁,排出病原体增多,散播传染的机会增加。反之,在干燥、温暖的季节里,加上饲养情况较好,病情容易好转,咳嗽减少,散播传染的机会也小。当某些野生动物是传染源时,自然因素的影响特别显著。这些动物生活在一定的自然地理环境(如森林、沼泽、荒野等)中,它们传播的疫病常局限于这些环境,往往能形成自然疫源地。

**2. 作用于传播媒介** 适宜的温度和湿度有利于霉形体在外界环境中长期保存。当温度降低湿度增大时,有利于气源性感染,因此绵羊肺炎霉形体病在冬季发病率常有增高的现象。

**3. 作用于易感动物** 自然因素对易感动物这一环节的影响首先是增强或减弱羊机体的抵抗力。例如,低温高湿的条件下,不但可以使飞沫传播媒介的作用时间延长,同时也可以使羊受凉、降低呼吸道黏膜的屏障作用,有利于羊霉形体病的流行。

**(二)饲养管理因素** 羊舍的建筑结构、通风设施、垫料种类等都是影响羊霉形体病发生的因素,如饲养密集、通风不良、卫生条件差等均有利于本病的发生和发展。

**(三)社会因素** 社会因素在羊霉形体病的流行过程中起决定性的作用,重视社会因素的作用才能有效地控制和消灭羊霉形体病。影响流行过程的社会因素主要包括社会制度、生产力和人民的经济、文化、科学技术水平以及贯彻执行法规的情况等。它们既可能是促进疫病广泛流行的原因,也可以是有效消灭和控制疫病流行的关键因素。

严格执行兽医法规和防治措施,这是控制和消灭羊霉形体病的重要保证。世界很多国家根据多年来兽医防疫工作中存在的问题,制定了一系列的法令和规章,统称为兽医法规。其中赋予兽医人员以明确的权限,对不遵守法规的人员和单位,兽医人员有权按法律予以处理,责令违法者赔偿或处以罚款。

　　总之,影响羊霉形体病流行过程的是多因素综合作用的结果,即传染源、宿主和环境因素相互作用而引起羊霉形体病的流行。

## 第二节　羊霉形体病的流行病学特点

　　随着分子生物学技术的不断发展,动物传染病流行病学研究进入了分子水平,在羊霉形体病的分子流行病学方面也取得了一定的进展。已公开的丝状霉形体簇的基因座 $H_2$,由 2 400bp 碱基组成,编码一种霉形体膜蛋白。Lorenzon 等对不同地区的 19 株山羊霉形体山羊肺炎亚种 $H_2$ 基因座进行分析,可将它们分成 4 个不同的基因群。Kokotovic 根据山羊霉形体山羊肺炎亚种的 16S rRNA 2 个启动子的基因序列作为流行病学指针,从分子水平上了解山羊传染性胸膜肺炎流行状况。但是,由于羊霉形体病以地方性流行为特征,所以在分子流行病学方面的研究相对其他病还是比较滞后,大多数羊霉形体病的流行病学研究还停留在宏观流行病学上。

　　羊霉形体病主要集中在非洲、中东等地区暴发流行,在欧洲养羊国家也有本病的报道。在我国随着养羊业的发展,此病呈现不断蔓延的趋势。引起羊霉形体病的霉形体种类复杂,有多种致病性霉形体和条件致病性霉形体,这些不同霉形体引起绵羊和山羊的疾病在传播和流行特征上各不相同,并且在不同地区流行的霉形体病病原也各不相同。因此,掌握羊霉形体病流行过程的基本条件及其影响因素,有助于制定正确的防治措施,有效地控制羊霉形体病的蔓延或流行。

# 一、无乳霉形体

**(一)流行特点** 无乳霉形体是引起山羊和绵羊传染性无乳症的主要病原。无乳霉形体引起的羊传染性无乳症地理分布广泛,给养羊业造成了巨大的经济损失。1816 年 Metaxa 氏在意大利、1854 年 Zanggen 氏在瑞士先后发现本病。本病目前主要分布于地中海沿岸,如西班牙、法国、意大利、巴尔干半岛诸国、阿尔及利亚、摩洛哥和土耳其等国家,苏联、伊朗、巴基斯坦、印度也有发生,在美国报道分离到了 3 株无乳霉形体,但这些霉形体不能引起典型的疾病。在国内,张生民等于 1974 年发现我国青海省海西蒙古族藏族自治州格尔木、都兰、乌兰三县的奶山羊中流行本病,青海省还将其称为"干奶病"。陈祝三等报道,1987 年宁夏回族自治区青铜峡县因购入的奶山羊发生本病,引起当地奶山羊流行本病。姚景梁(1989)报道,1981~1987 年新疆维吾尔自治区昌吉回族自治州木垒县的绵羊、山羊中有本病流行。

无乳霉形体感染绵羊和山羊,但山羊显著易感。自然感染羊的潜伏期范围变化比较大,为 12~60 天。无乳霉形体感染所有年龄范围的绵羊和山羊,但妊娠期和泌乳期的羊更易感发病。发病羊死亡率可达 10%~20%(Jones,1987)。

**(二)传播途径** 传染性无乳症大多数通过肠道感染,但小创伤也是感染途径之一。感染羊可以在尿液、粪便、分泌物包括乳汁中排放病原。感染羊不仅仅只在泌乳期向外界排放病原,因为无乳霉形体可以在羊乳房淋巴结中存活,隐性或慢性感染的羊带毒可达数月甚至更长时间。传染性无乳症在羊分娩期或在分娩不久后发生较多,主要是由于正常羊摄入了被污染的饲料和饮水,或接触了含有无乳霉形体的尿液、粪便、鼻腔和眼角分泌物以及吸入被污染的灰尘而被感染。在挤奶时无乳霉形体可以随乳汁直接从乳头孔中排出,被污染的挤奶工人的手和容器也可成为传播媒介。虽然霉形体通常被认为是非常脆弱的,在外界环境中存活时间很短,但也有报道称无乳霉形体能在土壤、粪便、分泌物中存活很长时间。

## 二、山羊霉形体山羊亚种

**(一)流行特点** 山羊霉形体山羊亚种是绵羊和山羊传染性无乳症的病原之一。这种霉形体流行的确切国家和地区报道很少,但在美国和南非有本病原引起羊病的报道。在绵羊、奶牛和野生北山羊中都有发现。有过自然感染绵羊导致关节炎的报道,但山羊常比绵羊多发。山羊霉形体山羊亚种除能引起山羊和绵羊的关节炎、乳房炎和败血症,还能从奶牛乳腺、公牛精液以及母牛阴道中分离到。

**(二)传播途径** 由山羊霉形体山羊亚种引起的绵羊和山羊疾病主要以接触传播为主。患病羊是主要的传染源,健康易感羊与被感染羊密切接触可被传染并发病。

## 三、山羊霉形体山羊肺炎亚种

**(一)流行特点** 山羊霉形体山羊肺炎亚种是山羊传染性胸膜肺炎的病原。山羊传染性胸膜肺炎是山羊特有的急性或慢性高度接触性传染病,以呈现纤维素性肺炎和胸膜炎为特征,本病被世界动物卫生组织列为 B 类传染病。自 1873 年

Thomas 报道在非洲阿尔及利亚地区发现山羊传染性胸膜肺炎以来，许多国家相继发现。山羊霉形体山羊肺炎亚种首先由 Macowan 和 Minett（1976）在肯尼亚从山羊中分离成功，目前在亚洲和非洲至少有 38 个国家存在本病。辛九庆等（2007）报道从山东省某山羊养殖场分离到了山羊霉形体山羊肺炎亚种，李媛等（2007）通过对中国分离的 87001、87002、367、1653 等 4 株山羊传染性胸膜肺炎病原体的分子特征研究，针对 3 段基因（A、B、C），对扩增产物进行酶切鉴定和测序，将结果与丝状支原体簇的 6 个成员进行遗传衍化分析，在 A 片段，4 株中国分离株的扩增产物经 PstI 酶切后的结果与山羊霉形体山羊肺炎亚种代表株 F38 相同，首次提出其与山羊霉形体山羊肺炎亚种亲缘关系最近，应归属为山羊霉形体山羊肺炎亚种，并将国内流行的山羊传染性胸膜肺炎的病原定名为山羊霉形体山羊肺炎亚种。

在自然条件下，本病主要感染山羊，尤以 3 岁以下的羊最敏感，在冬春枯草季节，羊只消瘦、营养缺乏以及寒冷潮湿、羊群拥挤等因素，常诱发本病。多呈地方性流行，一旦发病在羊群中传播迅速。新疫区几乎都是由于引进病羊而导致暴发。发病后，在羊群中传播迅速，20 天左右可波及全群。冬季流行期平均 5 天，夏季可维持 1 个月以上。在羊群中发病率可达 100%，急性死亡率可达 60%～70%。

**（二）传播途径**  病羊是主要的传染源，其病肺组织和胸腔渗出液中含有大量病原体，主要经呼吸道分泌物排菌。耐过病羊可在相当长时间内通过肺组织向外界排毒。

## 四、丝状霉形体丝状亚种大菌落型

**（一）流行特点**  丝状霉形体丝状亚种大菌落型是山羊的

病原体,可以引起山羊乳房炎、角膜炎、多发性关节炎、肺炎和败血症。该病原只感染山羊,不感染绵羊。由丝状霉形体丝状亚种引起山羊的各种疾病在世界范围内都有发生,但确切的流行地区报道很少,在美国、印度、加拿大、阿曼、澳大利亚、新几内亚、苏丹和尼日利亚等国家曾有由丝状霉形体丝状亚种大菌落型引起山羊各种疾病的报道。目前,在我国还没有该病原引起山羊疾病的报道。丝状霉形体丝状亚种大菌落型主要和丝状霉形体簇其他成员共同感染山羊而引起暴发和流行,导致山羊急性或亚急性临床症状。不同年龄山羊的死亡率差异很大,成年山羊死亡率可达 25%,羔羊死亡率高达90%。

**(二)传播途径**　病羊是主要传染源,病羊眼角分泌物和乳汁中含有大量病原,易感羊通过接触这些患病羊的分泌物而感染。

# 五、丝状霉形体山羊亚种

**(一)流行特点**　丝状霉形体山羊亚种是引起我国类似山羊传染性胸膜肺炎的主要病原,也有引起山羊乳腺炎、关节炎和结膜炎的报道。在 Longley(1951)首次分离到这种微生物之前,许多畜牧兽医工作者就已经注意到山羊传染性胸膜肺炎,与此同时,Chu 和 Bereidge 也成功地分离到丝状霉形体山羊亚种,Edward(1953)检查了上述两地的分离物并选用后者作为模式株。在国外,丝状霉形体山羊亚种是非洲和地中海地区导致山羊霉形体性肺炎的主要病原体。在国内,由丝状霉形体山羊亚种引起的山羊肺炎于 1947 年西北防疫处邝荣禄报道,甘肃皋兰县于 1942～1943 年曾流行此病,其后在内蒙古、华北、西北等区域均发现此病。

丝状霉形体山羊亚种只感染山羊，3岁以下的山羊最易感，不感染绵羊。由丝状霉形体山羊亚种所致的山羊疾病，主要见于寒冷潮湿、阴雨连绵、羊群密集、拥挤等时；多发生在山区和草原，在冬季和早春枯草季节，羊只缺乏营养，容易受寒感冒，机体抵抗力下降等可以激发或加剧本病的发生和发展。

新疫区的暴发，几乎都是由于引进或迁入病羊或带菌羊而引起；在牧区，健康羊群可能由于放牧时与染疫群发生混群而受感染。发病后，在同一羊群中传播迅速，20天左右可波及全群。冬季流行期平均为15天，夏季维持1个月以上。发病率为19%～90%，死亡率高达40%。

**（二）传播途径**　病羊是主要的传染源，其病肺组织和胸腔渗出液中含有大量的病原体，主要经呼吸道分泌物排菌。耐过羊肺组织内的病原体在相当时期内具有生活力，这种羊也有散播病原的危险性。

丝状霉形体山羊亚种所致山羊的疾病，接触传染性很强，主要经呼吸道传染。Szeredi L等（2003）研究表明在通常情况下，丝状霉形体山羊亚种可以经由粪便等排泄物在山羊之间传播。最近，万一元等（2001）报道通过人工接种妊娠母山羊，证实丝状霉形体山羊亚种也可经胎盘垂直感染。

# 六、绵羊肺炎霉形体

**（一）流行特点**　绵羊肺炎霉形体是引起我国绵羊和山羊霉形体肺炎的主要病原之一，绵羊肺炎霉形体最先由 Mackay（1963）分离到，随后 Cottew 在澳大利亚绵羊的病肺中也发现该霉形体，并由 Carmichael 等证明了这种霉形体的致病性，建议将其命名为绵羊肺炎霉形体，以后在新西兰、匈牙利等国家均发现此病原，多数学者认为该病原是绵羊增生性间质性肺炎的原发性病原。绵羊肺炎霉形体对山羊的致病性最早见于 Markey(1963)和 Livinston(1979)的报道。在澳大利亚、新西兰、美国、西班牙、英国、肯尼亚、墨西哥等许多国家都有绵羊肺炎霉形体所致的山羊肺炎的报道(Martin,1996)。在国内,绵羊肺炎霉形体流行也比较广泛,主要分布在四川、宁夏、甘肃、华北、东北和华东等地。

绵羊肺炎霉形体可感染所有年龄范围的绵羊和山羊,与性别无关,3月龄以下羔羊最易感,发病率高,死亡严重。周岁或成年重病羊,多是羔羊期患病而没有治愈的病例。张道永等(1998)曾报道不同品种的羊对本病的易感性差异较大。

绵羊肺炎霉形体所致绵羊和山羊发病,一年四季均有流行,在气候多变、异常寒冷的冬春季节(11月份至翌年3月份)发病严重,且死亡率高;在3～4月份表现为阶段性高发。阴雨连绵、寒冷潮湿、昼夜温差大等因素往往能诱发本病。长途运输,环境改变,羊群密集、拥挤,营养缺乏,卫生条件差,通风不良等因素均有利于本病的发生和发展。调查还发现,冬季使用暖棚和在半开放式饲养环境下,发病率和死亡率有明显差异,表现为暖棚羊群发病率达90%以上,死亡率约20%;而半开放式饲养环境下的羊群发病率约40%,死亡率低于5%。

**(二)传播途径** 绵羊霉形体所致绵羊和山羊疾病通常表现为呼吸系统症状,以空气为传播媒介,主要通过飞沫传播。病羊通过咳嗽、打喷嚏和鼻腔脓性分泌物等向外界排放病原,感染易感羊。

# 七、其他羊霉形体

在羊霉形体中,有些种在绵羊、山羊中都存在,有些种只存在于其中的一种羊。并不是所有的羊霉形体对山羊、绵羊都致病，但致病性霉形体所引起的疾病能导致严重的经济损失，如无乳霉形体和山羊霉形体山羊肺炎亚种。有些霉形体虽然对羊致病，如山羊霉形体山羊亚种、结膜霉形体、精氨酸霉形体等，但只是病原分离鉴定、临床症状和病理变化的报道，而未见流行病学的报道。

## 第三节　羊霉形体病流行病学调查方法

为了掌握羊霉形体病的流行范围、疫情严重程度和流行规律，制定合理有效的防治措施，必须首先做好流行病学调查工作。羊霉形体病的流行病学调查一般分为以下几种方法。

### 一、个别病例的流行病学调查

个别病例的流行病学调查通常指对新发病例的调查。首先要确定是否是羊霉形体病，然后查明发病原因并提出处理意见和防治方法，防止疫情扩大。

主要方法：①询问病羊的现病史和既往病史，如是否有新购羊、是否到公共牧场放牧等。②询问是否有霉形体引起的相关症状，检查有无关节炎、角膜炎、乳房炎和咳嗽等临床症状。③除了对病羊做详细的调查外，还要对同群羊和周围饲养的羊进行调查。

### 二、暴发点的流行病学调查

这种调查要求尽快查明疫情情况，尽快对病羊进行隔离或封锁疫区，同时分析暴发原因，采取积极有效的防治措施，扑灭疫情。

调查方法和步骤：①首先向暴发点所在地动物防疫部门和羊主了解暴发开始的时间和经过。②询问和检查最先发生的病例。③对可疑的传播因子做霉形体培养。④在进行流行病学调查的同时采取防治措施。⑤调查历史疫情和周围邻近地区是否有羊霉形体病存在。

## 三、地区流行病学调查

地区流行病学调查是对一个地区、县、乡或畜牧场范围内的调查，以了解羊霉形体病在该地区内的流行规律、动态，查清对羊健康的危害和对生产建设的影响，以便制定合理有效的防治规划。地区性调查的主要内容有：①羊的品种、数量和饲养方式。②羊的疫病防治情况，历年羊霉形体病的检疫情况、免疫情况，羊的买卖情况，包括购入地点和购买头数、贩卖的去向及数量等。③自然地理、气象资料，包括土壤、地势、草原和耕地面积、气温、湿度和风向等。

## 四、感染和现患调查

感染和现患调查是用来测定某一地区羊对羊霉形体病的感染和致病情况的调查。畜间一般只做感染率即血清学阳性率的调查，对血清学检验阳性的羊要做羊霉形体病临床症状的统计。

对从来没有做过羊霉形体病调查而且从来没有做过羊霉形体病疫苗预防接种的地区，可以用普查和抽查的方式，了解羊霉形体病的感染情况。对已经进行过羊霉形体病疫苗接种的地区，由于疫苗免疫接种产生的抗体和自然感染产生的抗体无法区别，所以不做感染率调查。

现患调查是指在短期内调查羊群中患霉形体病情况的一种方法。可以了解一定时间羊霉形体病在空间和畜间中分布的横断面情况,反映疫情的严重程度,是确定防治措施的依据。

# 第四章 羊霉形体病的临床
## 症状与病理变化

## 第一节 羊霉形体病的发病机制

不同种类的羊霉形体可寄生于宿主不同组织细胞表面，与宿主细胞膜间相互作用，释放有毒代谢产物，使宿主细胞受损，表现症状和病变。

除了直接损伤宿主细胞外，羊霉形体感染能产生广泛的异常免疫反应，包括多克隆激活 T 和 B 淋巴细胞增殖，激活巨噬细胞、NK 细胞和细胞毒性 T 细胞的溶细胞活力，并刺激免疫活性细胞产生多种细胞因子造成组织损伤。霉形体多克隆激活 B 淋巴细胞增殖，产生特异性和非特异性抗体。特异性抗体对疾病恢复及防御起一定作用，尤其是分泌性抗体对防御再感染起着重要作用。但增强的抗体反应亦可成为致病因素引起不良后果，如超敏反应；或者抗体与抗原形成免疫复合物，沉积于关节或组织内，激活补体或巨噬细胞，引起炎症反应。B 淋巴细胞的多克隆增殖还可产生非有关抗原的抗体如产生的抗各种器官组织的自身抗体，可引起自身免疫性并发症。另外，在 B 淋巴细胞活化后，可产生趋化因子、FC 受体和免疫球蛋白酶，妨碍抗原与抗体的结合，改变抗体功能，导致炎症加强，产生病灶，阻碍疾病恢复，利于霉形体存活。根据实验动物淋巴细胞亚群的检测发现，霉形体感染可以引起细胞免疫功能下降，其原因是由于机体抑制细胞功能增强，导致细胞免疫功能减弱或失衡,总 T 淋巴细胞下降,辅助 T 细胞(Th)减少,抑制 T 细胞(Ts)增多,辅助 T 细胞/抑制 T 细胞(CD4/CD8)比值下降,致使免疫调节发生混乱,因而表现出临床症状。

　　某些霉形体对宿主细胞还可产生特殊效应,如有研究认为,肺炎霉形体在体内的致病性与淋巴细胞有丝分裂之间有相互关系。此外,霉形体感染的发病机制,很可能与超抗原的存在有关。

# 第二节　羊霉形体病的临床症状及分型

　　羊霉形体病的临床症状表现多种多样,这取决于多种因素,如羊的易感性和霉形体的致病性等。易感性又取决于羊的种类、年龄和生理状态等,致病性主要取决于霉形体种类,有时甚至是分离株的性质。但致病性霉形体主要侵害绵羊和(或)山羊的呼吸道、乳房、关节和眼部,少数侵害生殖器官和耳朵等其他部位。因此,临床上常见的羊霉形体病主要症状包括乳房炎、肺炎、胸膜炎、关节炎、角膜结膜炎、外耳中耳炎以及子宫内膜炎、尿道炎等,甚至是败血症和流产。多数情况下羊霉形体病表现为慢性、长期性感染,导致生产性能下降,但某些霉形体感染也可表现为急性型,导致急性败血症和死亡。

## 一、无乳霉形体

　　无乳霉形体感染后引起绵羊和山羊的传染性无乳症,临床表现可分为乳房炎型、关节型和眼型 3 种类型,有的呈混合型。根据病程不同又可分为急性型和慢性型 2 种。接触感染时潜伏期为 12～60 天,人工感染时为 2～6 天。急性型病程为数天至 1 个月,严重的于 5～7 天死亡。慢性型可延续 3～5 个月。绵羊羔和山羊常呈急性病程,死亡率为 30%～50%。

**(一)乳房炎型** 泌乳羊的主要表现为乳腺疾患。炎症过程开始于 1 个或 2 个乳叶内,乳房稍肿大,触摸时感到紧张、发热、疼痛。乳房上淋巴结肿大,乳头基部有硬团状结节。随着炎症过程的发展,乳量逐渐减少,乳汁变稠而有咸味。继而乳汁凝固,由乳腺流出带有凝块的水样液体。以后乳腺逐渐萎缩,泌乳停止。有些病例因化脓菌的存在而使病程复杂化,结果形成脓汁,由乳头排出。

患病较轻的,乳汁的性状经 5～12 天恢复,但泌乳量仍很少,大多数羊的产奶量达不到正常标准。

母羊分娩后产奶时感染无乳霉形体常呈急性经过,有时发热,几天后,无其他症状而死亡,更多的病例则为精神沉郁,食欲下降,短期发热后出现乳房炎症状,乳汁稍后凝固,最后泌乳停止,仅能挤出少量液体。偶尔能见到角膜炎和结膜炎。从血液中短期能分离出霉形体,通常局限在关节,引起明显的关节炎,步行困难。发病率 22%,死亡率不到 1%。确诊的方法是从感染的群体中培养和鉴定出无乳霉形体,感染持续时间长,病原培养时无需特殊的生长需要,很容易分离成功。

**(二)关节型** 不论年龄和性别,可以见到独立的关节型,或者与其他病型同时发生。泌乳绵羊在乳房发病后 2～3 周,往往呈现关节疾患,大部分是腕关节和跗关节患病,肘关节、髋关节及其他关节较少发病。最初症状是跛行逐渐加剧,关节无明显变化。触摸患病关节时,羊有疼痛发热表现,2～3 天后,关节肿胀,屈伸时疼痛和紧张性加剧。病变波及关节囊、腱鞘相邻近组织时,肿胀增大且有波动。当化脓菌侵入时,形成化脓性关节炎。有时关节僵硬,躺着不动,因而引起褥疮。

病症轻微时,跛行经 3~4 周而消失。关节型的病程为 2~8 周或稍长,最后患病关节发生部分僵硬或完全僵硬。

**(三)眼型** 最初是流泪、羞明和结膜炎。2~3 天后,角膜混浊增厚,变成白翳。白翳消失后,往往形成溃疡,溃疡边缘不整且发红。经若干天以后,溃疡瘢痕化,以后白色星状瘢痕融合,形成角膜白斑。再经 2~3 天或更长时间,白斑消失,角膜逐渐透明。严重时角膜组织发生崩解,晶状体脱出,有时连眼球也脱出来。

一般认为,无乳症的主要病型是伴发眼或关节疾患(有时伴发其他疾患)的乳房炎型。

# 二、山羊霉形体山羊亚种

山羊霉形体山羊亚种分布很广且致病性强,特别是在南非,但发病率低。山羊常比绵羊多发,临床症状为发热、败血症、乳房炎和严重关节炎,随后迅速死亡。对山羊和绵羊是致病性的,能引起发热、泌乳减少、关节疼痛性肿胀,并持续较长时间,一旦倒下便不能站立,无呼吸道症状,羔羊更严重,有些在感染 24 小时后死亡。经静脉或腹腔感染 2 周龄羔羊,能引起关节发热、关节疼痛,3 天死亡。年龄越大,病程越长,临床症状也越严重。试验感染山羊,其病征与自然感染类似,出现败血症、淋巴结炎、肺炎、纤维素性化脓性关节炎,尽管试验感染山羊、绵羊都出现肺炎病变,但肺炎并不是自然发病的特征,接触病原的羊群可因某些应激因素导致流产和无乳,未见到绵羊自然感染。

在一个有 50 只羔羊、50 头牛的畜群中,发现有 1 只羔羊被感染,但其他所有动物均未发病。绵羊对试验感染敏感,而牛则有抵抗力。

山羊霉形体感染还有一个原因不明的特征,即根据以往的资料,这种霉形体可以保持潜伏致病力达 20 年之久。

### 三、山羊霉形体山羊肺炎亚种

山羊霉形体山羊肺炎亚种引起山羊传染性胸膜肺炎典型病例的特征是极度高热(41℃～43℃),感染羊群发病率和死亡率都很高,没有年龄和性别差异,而且妊娠羊容易流产。在高热 2～3 天后,呼吸道症状变得明显,呼吸加速,显得痛苦,有的情况下还发出呼噜声,持续性的剧烈咳嗽。在最后阶段山羊不能运动,两前肢分开站立,脖子僵硬前伸,有时嘴里不断流出涎液。

急性发作时,呼吸系统症状非常明显,体温在 41℃～42℃稽留,但在本病的常发地区也可见亚急性和慢性经过。

### 四、丝状霉形体丝状亚种大菌落型

丝状霉形体丝状亚种大菌落型是世界上分布最广的哺乳动物霉形体,已在世界所有大陆发现。这种霉形体感染可导致宿主发生乳房炎、关节炎、胸膜炎、肺炎和角膜结膜炎。由于缺乏霉形体诊断技术,很多国家可能存在疫情,只是没报道。丝状霉形体最常发于山羊,偶尔也能从发生阴茎头包皮炎和外阴阴道炎的绵羊及牛分离到。本病为散发,但可在羊群中缓慢传播。母羊分娩后,本病在吮乳羔羊中传播机会增加,羔羊由于摄入带菌的初乳和乳汁而引起感染。

### 五、丝状霉形体山羊亚种

由丝状霉形体山羊亚种引起的羊传染性胸膜肺炎是一种

高度接触性传染病,根据病程和临床症状,可分为最急性型、急性型和慢性型 3 种。

**(一)最急性型** 病初体温增高,可达 41℃～42℃,极度委顿,食欲废绝,呼吸急促且有痛苦的咩叫。数小时后出现肺炎症状,呼吸困难,咳嗽,并流出浆液性带血鼻液,肺部叩诊呈浊音或实音,听诊肺泡呼吸音减弱、消失或呈捻发音。12～36小时内,渗出液充满病肺并进入胸腔,病羊卧地不起,四肢直伸,呼吸极度困难,每次呼吸则全身颤动;黏膜高度充血,发绀;目光呆滞,呻吟哀叫,不久窒息死亡。病程一般不超过4～5 天,有的仅 12～24 小时。

**(二)急性型** 最常见。病初体温升高,继之出现短而湿的咳嗽,伴有浆液性鼻液,4～5 天后,咳嗽变干而痛苦,鼻液转为黏脓性并呈铁锈色,黏附于鼻孔和上唇,结成干的棕色结痂。多在胸部一侧出现胸膜肺炎变化,叩诊有湿音区,听诊呈支气管呼吸音和摩擦音,按压胸壁表现敏感、疼痛。此时高热稽留不退,食欲锐减,呼吸困难,痛苦呻吟,眼睑肿胀、流泪,眼有黏液脓性分泌物。口半开张,流泡沫状唾液。头颈伸直,腰背拱起,腹肋紧缩,妊娠羊大批发生流产。最后病羊倒卧,极度衰弱委顿,有时发生腹胀和腹泻,甚至口腔中发生溃疡,唇、乳房等部分皮肤发疹,濒死前体温降至常温以下,病程多为7～15 天,有的可达 1 个月。耐过不死的转为慢性型。

**(三)慢性型** 多见于夏季。全身症状轻微,体温降至40℃左右。病羊间有咳嗽和腹泻,鼻液时有时无,身体衰弱,被毛粗乱无光。在此期间,如饲养管理不良,与急性病例接触或机体抵抗力由于种种原因而降低时,很容易出现并发症而迅速死亡。

人工接种丝状霉形体山羊亚种的发病山羊在临床症状上

与自然发病病例基本一致，病羊精神委顿、行动迟缓、少食或不食、咳嗽、呼吸急促、喘气、有黏脓性鼻液，有的体温达到40℃～41℃，有时会痛苦咩叫，渐进性消瘦，有的后肢跛行或站立不起，终因呼吸困难、心力衰竭而死亡。

## 六、绵羊肺炎霉形体

绵羊肺炎霉形体病在临床上主要表现为呼吸道症状，病羊咳嗽、呼吸急促、不耐运动、喘气、流清鼻液，后期因并发感染而流脓性鼻液，食欲减退。羔羊生长缓慢。体温通常为39℃～40℃。Georpe 等（1971）描述了澳大利亚绵羊中由绵羊肺炎霉形体引起的疾病，仔细检查羔羊时有轻度啰音，以后则加重，湿性咳嗽，喷嚏，鼻腔有清亮的分泌物，5～10 周后可导致严重的肺部损伤。这种病发病率高，死亡率低，可耐过，但增重缓慢，12 周后仅见羔羊有临床症状，6～26 周龄时均能分离到绵羊肺炎霉形体。Foggie 等（1976）用绵羊肺炎霉形体感染了不吃初乳的无特定病原羔羊，经气管接入，6 只中有5 只从肺部回收到霉形体，其中 3 只有肺部损伤。

## 七、其他霉形体

**（一）结膜霉形体**　　McCanley 等（1976）描述了山羊发病后伴有流泪、结膜充血、滤泡性角膜结膜炎，偶尔巩膜混浊，通常不形成溃疡，疾病一般持续 1 周，严重者可达 1 个月，有时感染新生羔羊会波及两眼，但羔羊感染并不来源于母羊。

Jones（1976）观察到 6～10 日龄羔羊轻微的结膜角膜炎，在严重病例可见到角膜混浊和溃疡。传染性结膜角膜炎分为两种类型，即纤维素性结膜炎和非纤维素性结膜炎，两者均能分离到结膜霉形体。

Langford(1971)从临床健康群未分离出结膜霉形体,但从感染群的健康山羊的眼中分离到。

试验感染能引起绵羊、山羊的温和性症状,但大多数人认为,在野外条件下的感染有其他因子的介入。

**(二)腐败霉形体** 感染常见于西欧的哺乳期山羊,有无临床症状的山羊均可分离到病原。美国加利福尼亚州的山羊发生乳房炎、胸膜炎,导致严重关节炎,伴随流产和死亡。西班牙小山羊暴发多发性关节炎,主要是腐败霉形体感染。

**(三)精氨酸霉形体** 精氨酸霉形体似乎与绵羊疾病有紧密的关系,然而 Waston 等(1968)发现,山羊接种精氨酸霉形体后并不出现临床症状和病理变化,经鼻腔、气管注入无特定病原羔羊仅出现轻微的病理反应。

# 第三节 羊霉形体病的病理变化

羊霉形体病的病理变化也因病原霉形体的不同而千变万化,但缺乏特征性病变,加上霉形体病原不易分离鉴定,临床上对霉形体病的误诊常会发生,尤其在急性霉形体病发作时,因病变常与其他疾病相混淆而发生误诊,造成较大经济损失。

## 一、无乳霉形体

无乳霉形体致病后通常乳腺的 1 叶或 2 叶变得坚硬,有时萎缩,断面呈多室性腔状,腔内充满着白色或绿色的凝乳样物质,断面呈大理石状。在乳房实质内布有豌豆大的结节,挤压时流出酸乳样物质,在此情况下,可以发现间质性乳房炎和卡他性输乳管炎。

在关节型病例,由于皮下蜂窝组织和关节囊壁的浆液性浸润,并在关节腔内具有浆液性纤维素性或脓性渗出物,所以关节剧烈肿胀。关节囊壁的内面和骨关节面均充血。关节囊壁往往因结缔组织增生而变得肥厚。滑液囊(主要是腕关节滑液囊)、腱和腱鞘亦常发生病变。

眼睛患病时,角膜呈现乳白色,眼前房液中往往发现浮游的半透明胶样凝块。严重时角膜中央出现大头针帽大的白色小病灶,更剧烈时角膜中央发生界限明显的角膜白斑。角膜突出,呈圆锥状,其厚度常达 3~4 毫米。角膜中央常发现直径为 2~4 毫米的小溃疡。极度严重时,角膜常常发生穿孔性溃疡,晶状体突出,有时流出玻璃体,并发全眼球炎。

## 二、山羊霉形体山羊亚种

剖检时可见肺炎病变。这种霉形体试验感染时,可见严重关节病变,伴以关节周围皮下极度水肿,影响到离关节甚远的组织。在英国绵羊生殖器官病变不常见。

## 三、山羊霉形体山羊肺炎亚种

急性期病变为肺脏和胸膜发生浆液性和纤维素性炎症,肺脏发生严重的浸润和明显的肝变,病肺的体积显著膨隆,质硬而没有弹性。肺小叶出现各期肝变,多色、呈大理石样。肺膜增厚,有的与胸壁粘连,胸腔积有数量不等的淡黄色胸水。

慢性病例的肺肝变组织中常有深褐色坏死灶。肺膜结缔组织增生,常有纤维素性附着物使肺脏与胸壁粘连。死后尸体检验显示纤维蛋白性胸膜炎,伴随肺脏有大范围的肝样变和胸膜炎,同时积聚稻草色胸水。

## 四、丝状霉形体丝状亚种大菌落型

丝状霉形体丝状亚种可以引起山羊肺部损伤,剖检可见在腹部有蜂窝组织炎和水肿并且有腹膜液,急性肺炎有纤维素性渗出覆盖整个肺,肺小叶间有增生,可发现淋巴出血点和肿大,肺组织上有结痂。在肺泡腔可观察到巨噬细胞和嗜中性粒细胞。肺动脉和肺小动脉有坏死性血管炎和血栓症。有的在肾上腺皮质有局灶性坏死。

## 五、丝状霉形体山羊亚种

丝状霉形体山羊亚种引起的疾病其病理变化多局限于胸部,胸腔常有淡黄色液体,有时多至 500~2 000 毫升,暴露于空气后其中有纤维蛋白凝块,急性病例的损坏多为一侧,间或两侧有纤维素性肺炎;肝变区突出于肺脏表面,颜色由红色至灰色不等,切面呈大理石样;纤维素渗出液的充盈使得肺小叶间组织变宽,小叶界限明显,支气管扩张;血管内血栓形成。胸膜变厚而且粗糙,上有黄白色纤维素层附着,直至胸膜与肋膜,心包发生粘连,支气管淋巴结和纵隔淋巴结肿大,切面多汁并有溢血点。心包积液,心肌松弛、变软。急性病例还可见肝脏、脾脏肿大,胆囊肿胀,肾脏肿大和膜下小点溢血。病程延长者肺肝变区激化,结缔组织增生,甚至有包囊化的坏死灶。

人工接种丝状霉形体山羊亚种的发病山羊,其剖检变化与自然感染基本一致,主要在胸腔器官。肺脏萎缩、肝变、肺浆膜粗糙、病程长者与胸壁出现粘连,而病理组织学除肺脏、支气管、肺泡的炎性渗出、萎缩之外,在淋巴结和肾脏也有明显的炎性渗出性病变,部分病例肝脏也会发生变性和炎性浸润病变。

## 六、绵羊肺炎霉形体

剖检病变局限在肺脏，呈双侧性实变，常常是尖叶先发病，以后蔓延至心叶、中间叶和膈叶前沿。实变区域与健康肺组织界限明显，呈肉红色或暗红色，其余肺区为淡红色或深红色。有并发症者，胸腔器官有不同程度的粘连，并见肺局灶性脓肿、纤维素炎、化脓性心包炎、心外膜粗糙、心肌出血、胸腔积液、气管流出带泡沫的黏液、肺淋巴结肿大等。肺组织切片观察见支气管上皮细胞和肺泡细胞增生，管腔内有脱落的上皮细胞、淋巴细胞和少量中性细胞。血管和小支气管周围有大量淋巴样细胞积累，形成"管套"。肺实变区的肺泡和毛细血管往往形成大面积的融合性病灶。融合区周围轻度水肿，有淋巴细胞和巨噬细胞浸润，血管充盈。

用绵羊肺炎霉形体经静脉接种、气溶胶接种、接触感染都能复制出这种病，肺脏呈灰色而不是粉红色，通常在右尖叶，但最经常是在左右心叶，组织学变化特征是肺泡隔明显增厚，肺泡隔细胞明显增多。

# 第五章　羊霉形体病的诊断

羊霉形体病通常不具备特征性的临床症状和病理变化，因而容易与其他疾病相混淆而造成临床诊断困难。了解羊群病史对诊断会有一定的帮助，要进行细致的流行病学调查，但也只能作为对羊霉形体病初步诊断的参考。最终只有通过实验室对病原霉形体进行分离和鉴定后，才能确诊霉形体感染。然而确定是哪一种霉形体感染是需要建立在综合多项试验结果的基础上的，如通过培养特性、菌落形态、菌体染色和形态观察，生化试验、血清学试验和分子生物学试验等来鉴定羊霉形体种类。有些霉形体种下又细分亚种，则更需要进行进一步细致的鉴定。

## 第一节　羊霉形体的分离和鉴定

### 一、影响羊霉形体分离的因素

从野外材料中分离的霉形体主要受两大类因素的影响，一是受宿主组织、器官的影响，二是受霉形体营养需要及培养条件的影响。

羊霉形体经常居留的部位是呼吸道或胸腔、泌尿生殖道、乳腺和关节腔等，病原性霉形体感染时，处于疾病明显期时分离率高。在与其他致病因子协同或混合感染时可使霉形体数量增加，分离性增高。但体内存在抗霉形体物质如残留药物、抗血清或者死亡动物组织中释放出的抑制因子（如血卵磷脂）

能降低霉形体的分离率。此外,精液中含有可抑制或杀死霉形体的因子,应在分离时进行 10 倍系列稀释至 $10^{-1} \sim 10^{-4}$,并将每个稀释度分别接入培养基以提高分离率。常用的接种材料有棉拭子、组织悬液或组织块、刮屑、冲洗物和渗出液等。

从自然发病未死亡病例分离霉形体的材料,主要是病羊呼吸道、乳腺、眼、泌尿生殖道分泌物和关节液等,常用无菌棉拭子蘸取病料或用无菌注射器抽取液体病料。无菌采集的病料,应尽快送至实验室,立即培养或在培养前贮藏于 $-20\,℃ \sim -70\,℃$ 条件下。如果在野外采集渗出液等,亦可用棉拭子采集病料,将棉拭子浸过本动物血清以后分离效果会更好。死亡羊只组织病料的采集应尽量在死亡后立即进行,最好不超过 6 小时。应采取具有典型病变及与其相连的健康组织交界部位,置于灭菌的玻璃容器中。但无论如何,采集的病料应尽可能快地送至实验室,任何耽搁都是十分不利的。如果时间耽搁不可避免,则需将材料置于 $4\,℃$ 冷藏条件下运送至实验室,或者直接接种到运送培养基上再运至实验室。运送培养基可以是合适的固体或液体霉形体培养基。应注意的是,供组织病理学检查的组织不能冷冻,需置于至少 10 倍于组织样品体积的 $4\% \sim 10\%$ 甲醛中性缓冲溶液中运送。

一般用于分离羊霉形体的培养基要求并不苛刻,主要由基础成分和添加成分两部分组成,但要注意各种添加剂的质量。如某些批次的酚红可能有毒,能降低或抑制霉形体的生长。在初次分离时常需在培养基中加入醋酸铊(终浓度 $0.012\% \sim 0.05\%$)和青霉素以抑制送检材料中杂菌或者霉菌的污染。醋酸铊主要用于抑制霉菌的生长,但也具有抑制革兰氏阴性需氧芽孢菌的作用,而青霉素主要用于杀灭革兰氏阳性菌。有些培养基中可加入新鲜酵母浸出物或丙酮酸钠,促进霉形体的生长,加快生长速度和增大菌落直径。

在羊霉形体的分离培养过程中,初次分离应同时接种液体和固体培养基,以提高分离率和鉴别所有可能存在的霉形体。传代也应使用和初次分离时相同的培养基。液体培养基中常加入指示剂,通过 pH 变化(即培养基颜色变化)来间接测知霉形体的生长。固体培养基则应在具有一定湿度的环境中培养,常在培养器皿的底部加一块浸有无菌蒸馏水的纱布,靠水分蒸发来维持培养空间的湿度。大多数羊霉形体均为需氧生长,但固体培养基初次分离时在 5%～10%二氧化碳气体环境中对多数羊霉形体有生长促进作用。

## 二、羊霉形体鉴定的一般程序

(一)培养物的纯化和形态学观察　分离培养物的纯度对于霉形体的鉴定研究是十分重要的,因此初次分离时在液体或固体培养基上生长的羊霉形体在进行鉴定以前,培养物的纯化是必要的。固体培养基上生长的菌落应进行单菌落移植纯化,纯化的方法经常采用金属针刺入一个菌落中心然后进行移种,或者在解剖显微镜下用皮下注射针头、巴氏吸管或手术刀片刺取琼脂上的菌落,然后将带有菌落的琼脂划种到一个新鲜平皿上,更好的方法是将菌落悬浮在液体培养基中,连续 10 倍系列稀释至 $10^{-4}$,然后再接种到平皿上。菌落至少要连续纯化 2 次,一个平皿中不同类型的菌落应分别挑选,单独移植,以纯化培养物中可能存在的不同霉形体。液体培养物可移植到固体培养基上进行纯化,对有些不能适应固体培养基的分离株可采用连续有限稀释的方法来纯化,用液体培养基的颜色变化来指示滴定终点,但纯化过程也要连续重复2次以上。

对初次分离的培养物和获得的纯化培养物应进行培养特性观察,包括菌落形态、菌体形态和生长特性等。观察菌落形态时一般用低倍显微镜(25~100倍)或放大镜直接检查菌落,或者用狄乃氏染色液对菌落进行染色后观察,霉形体菌落会明显着色,有深蓝色中心,并且不脱色。但细菌菌落会使染料在30分钟左右脱色,因此可鉴别细菌和霉形体菌落。固体培养物上组成菌落的菌体可以用染色标本来检查,简单的方法是从平皿上切取一块有菌落的琼脂,放在干净的载玻片上,使菌落与玻片接触,将玻片翻转过来以45°左右的角度放入80℃的蒸馏水中,迅速增高水温,直至琼脂融化从玻片上落下为止。取出玻片,轻洗,在空气中干燥,以姬姆萨氏染料染色观察。液体培养物的检查应先制作染色标本,先以金刚笔在干净的玻片上画一小圈(直径2~3毫米),圈内放一小滴霉形体培养物,在空气中干燥。甲醇固定2分钟,姬姆萨氏染色,不封置,油镜下检查。如果培养物中菌数太少用直接法不能检出时,可将2毫升培养物在17 000转/分离心25分钟,除去上清液,用沉淀物涂片,再行固定染色镜检。特殊情况下,可以将霉形体离心沉淀物制成切片,用电子显微镜检查典型的三层细胞膜。分离在培养基上生长的霉形体有时还应区别于细菌L形。霉形体和细菌L形的区别见表5-1。

表 5-1　霉形体和细菌 L 形的区别

| 霉形体 | 细菌 L 形 |
|---|---|
| 发生在自然中 | 常常是实验室造成的 |
| 生长需要胆固醇(除无胆甾原体外) | 不绝对需要胆固醇 |
| 在无抗生素培养基中生长,不会还原成细菌形 | 在处于抗生素等诱导剂时,不稳定的 L 形会还原成细菌形 |
| 已知代谢活动有限 | 与母菌具有相同的代谢活动(如过氧化氢酶、凝固酶、尿素酶和糖发酵等酶作用) |
| 在遗传上与普通细菌无关 | 与母菌遗传上不能区别 |
| G+C%含量比任何已知细菌低 | G+C%含量与母菌相同,高于霉形体 |
| 对洋地黄皂苷的溶解作用敏感 | 对洋地黄皂苷的溶解作用有抵抗力 |

**(二)生化鉴定**　对纯化的羊霉形体进行生化试验鉴定的第一步是确定对 1.5%洋地黄皂苷的敏感性,洋地黄皂苷能结合到霉形体细胞膜中的胆固醇上,导致细胞溶解,而无胆甾原体属成员对其有抵抗力。临床上分离率较高的羊霉形体多数为霉形体属成员,主要从分解葡萄糖、水解精氨酸、磷酸酶活性和凝固马血清的液化 4 个方面来进行生化试验,多数羊霉形体属于发酵葡萄糖、不水解精氨酸和不发酵葡萄糖、水解精氨酸 2 种结果,继而可根据是否液化凝固的马血清来判断分离株是否属于山羊霉形体和丝状霉形体,因为目前已知仅这 2 种(包含 4 个亚种)羊霉形体能液化凝固的马血清。由于霉形体可用的生化试验比较少,而且这些生化性质在种内有时并不确定,因此生化试验对分离株在分类学上的鉴定的意

义有限。待检菌株的最后鉴定必须与目前已确认霉形体种的模式株抗血清进行反应,用血清学方法进行种的鉴定。但由于有些霉形体种之间常发生交叉反应,尤其是亚种之间的血清学鉴定结果难以提供最终判定的依据,因此有时需要结合分子生物学的方法进行鉴定。

(三)血清学鉴定  根据生化试验结果筛选后选择适当的霉形体模式株抗血清进行鉴定试验。一般霉形体的血清学鉴定主要采用 3 种方法,即生长抑制试验、代谢抑制试验和免疫荧光试验(FA),此外还有补体结合反应、生长沉淀反应、双向免疫扩散、直接凝集和间接血球凝集等其他方法。目前,大部分羊霉形体的鉴定工作还是靠生长抑制试验和代谢抑制试验来完成的,尽管前者不敏感,后者费时费力。免疫荧光试验是发展较快和比较准确的血清学试验方法,其特异性和敏感性都处于合适的水平,技术设备也不复杂,试验还可以标准化,已逐渐成为许多实验室优先使用的血清学鉴定方法。但血清学鉴定最好选取 2 种以上的试验以获取可靠的结果。

无论哪一种血清学鉴定方法都需要各种羊霉形体模式株抗血清,一般用克隆纯化的模式株作为免疫原,用兔制备高免抗血清。将模式株液体培养物(含 $10^7 \sim 10^8$ CFU/毫升)经 12 000 转/分离心 45 分钟,沉淀物用 pH 7.2、0.05 摩/升磷酸盐缓冲液洗涤 2 次,最后悬浮于百分之一原培养物体积的稀释液内,制成 100 倍浓缩抗原液,蛋白含量为 5~8 毫克/毫升。按每次注射所需剂量分装后于 $-30$℃ 保存。注射前用弗氏完全佐剂充分混合乳化,选用体重 2 千克左右的健康雄性家兔,第一次于每只兔两后腿足部皮下、腘淋巴结处和背部皮下多点接种,接种量为 1.5 毫升,14 天后仍以上述抗原和剂量由背部皮下多点接种,进行第二次免疫;隔 11 天后,以弗氏不完全佐剂混合抗原,由每只兔肩部肌肉 2 点、背部皮下多点接种,接种剂量为 3 毫升,为其第三次免疫;11 天后,取前述制备好的不含佐剂的抗原由每只兔耳静脉注射 1.5 毫升,进行第四次高免,隔 14 天后采血分离血清,用琼脂双扩散方法测定效价。即用 100 倍浓缩抗原液作为抗原,被检血清从 2 倍倍比稀释到 128 倍,分别与抗原反应,能出现沉淀线的最大血清稀释倍数为该份抗血清的效价。若抗体效价低于 1:16 时,再如第四次免疫一样加强免疫 1 次,至抗体效价达到或超过1:16为止,最后一次注射后 10~14 天杀兔采血,分离血清。如果免疫用抗原生长在含有动物血清的培养基中,血清蛋白可吸附到霉形体细胞膜上,多次洗涤仍难以清除,这种血清蛋白对免疫动物来说是外源性的,所产生的抗血清中就含有外源性血清蛋白的抗体。试验时可与霉形体膜上吸附的血清蛋白发生反应,这种非特异性反应对生长抑制试验和代谢抑制试验来说并不重要,因为抗血清蛋白抗体不会影响霉形体的生长,但在免疫荧光试验、补体结合反应、间接血凝或者双向扩散试验等免疫学试验时,就会导致非特异性的交叉反应。阻止这种反应的最有效方法就是把抗原培养于被免疫动物的血清中,但多数霉形体在含有兔血清的培养基中生长不佳或不生长。因此,常将培养霉形体的培养基冻干成粉末,每 10 毫升抗血清加相当于 5 毫升液体培养基冻干制成的粉末进行吸收,普通冰箱过夜后离心除去沉淀,也可以消除培养基成分的抗体。

(四)其他选择性的鉴定试验　除了上述常规的鉴定试验以外,还可以根据实际情况采用其他的特殊试验方法对分离的羊霉形体进行鉴定。主要包括:发酵除葡萄糖和有关的甘露糖、蔗糖、海藻糖以外的碳水化合物;固体培养基上霉形体菌落的红细胞吸附试验(最好是用鸡红细胞、豚鼠红细胞或绵羊红细胞),少部分羊霉形体菌落能吸附红细胞;霉形体细胞蛋白的聚丙烯酰胺凝胶电泳试验(SDS-PAGE);特定保守基因序列如 16S rRNA 或特征性蛋白基因的聚合酶链式反应扩增;基因组限制性酶切片段长度多态性分析(RFLP);随机扩增 DNA 片段的多态性分析(RAPD)。

总之,霉形体的鉴定程序应是从菌落纯化和形态学观察开始,经洋地黄皂苷敏感性试验和尿酶试验确定是否归于霉形体属,继而参考发酵葡萄糖和水解精氨酸试验,以及磷酸酶活性和血清液化试验的结果,选择合适的抗血清,以生长抑制试验、代谢抑制试验或免疫荧光试验进行血清学鉴定。如果仍然难以鉴定到种或要继续亚种的鉴定,应选择其他的鉴定试验如聚合酶链式反应、基因组限制性酶切片段长度多态性分析、随机扩增 DNA 片段的多态性分析等。

# 三、常用生化鉴定试验及培养基

## (一)常用生化鉴定试验

### 1. 洋地黄皂苷敏感性试验

(1)培养基 能支持被试株生长的霉形体培养基均可。

(2)洋地黄皂苷圆纸片的制备 取滤纸剪成直径 6 毫米大小的圆纸片,置于平皿中,经 112 千帕(122℃)20 分钟灭菌、烘干,再将滤纸片用灭菌的 0.02 毫升 1.5%(W/V)甲醇洋地黄皂苷溶液浸透,置无菌平皿内,37℃干燥 1 夜,装于灭菌的试管中于 4℃保存备用。

(3)试验程序 在固体培养基上进行。取 1 滴待测株液体培养物(约含 $10^3$ CFU/毫升)在琼脂表面滚动,当接种液体吸收后,把洋地黄皂苷圆纸片放在接种面中心,在合适的温度条件下培养,菌落出现后观察结果,在低倍显微镜下计量纸片边缘到抑制带外缘的距离。最好在试验时用无胆甾原体成员作为阳性对照,用任一已知霉形体成员作为阴性对照。

(4)结果判定　纸片边缘到抑制带外缘的距离达到2毫米或以上时判为阳性反应,不到2毫米时判为阴性。

## 2. 尿酶活性测定

(1)试剂　含1%尿素和0.8%二氯化锰溶液。

(2)试验程序　从琼脂上切下一块含有菌落的约1平方厘米的琼脂块,菌落面向上放在玻片上,向琼脂表面滴1～2滴尿素、氯化锰溶液,立即在低倍显微镜下观察,尿原体菌落会立即变为浅褐色。

## 3. 葡萄糖发酵试验

(1)培养基　可用葡萄糖酵解基础培养基和葡萄糖酵解试验培养基,其中心浸肉汤用葡萄糖氧化酶、过氧化氢酶和精氨酸脱羧酶处理过,以去掉任何微量的葡萄糖和精氨酸。

(2)试验程序和结果判定　向葡萄糖酵解基础培养基、葡萄糖酵解试验培养基中各接种1滴液体培养物或琼脂平板上的一个菌落,将接种管和未接种对照管一起培养,如果接种管葡萄糖酵解试验培养基颜色从红变黄,而葡萄糖酵解基础培养基以及对照管葡萄糖酵解基础培养基、葡萄糖酵解试验培养基颜色没有变化,则为阳性反应。如果葡萄糖酵解基础培养基以及对照管葡萄糖酵解试验培养基都有颜色变化,则认为阴性或可疑。

(3)注意事项　应尽量避免由于葡萄糖酵解以外的其他代谢活性使pH降低,有的霉形体不发酵葡萄糖但可使pH降低,有酵母浸出物时更明显。用酶去掉本身存在的葡萄糖和精氨酸,将会使结果更为准确。并不是所有的霉形体菌株都能在酵解标准培养基中生长,许多还需要额外的营养。不论用哪一种培养基,都要有2个对照,未接种培养基加葡萄糖对照和接种培养基不加葡萄糖对照。另外,接种物的浓度应保证有足够的菌体支持繁殖以产生颜色变化。一般需要 $10^7$ CFU/毫升才能产生变化,这就意味着如果待检菌接种量不够,产生的阳性结果是不可靠的。用上述颜色变化判断结果不敏感,有时用其他有效试验来确定分离株是否能发酵葡萄糖,如用葡萄糖氧化酶反应来测定葡萄糖的消失,根据葡萄糖放射性确定产酸发酵产物,用六糖激酶活性确定是否有糖酵解途径。

**4. 精氨酸水解试验**

(1)培养基　精氨酸水解试验培养基。

(2)试验程序和结果判定　同葡萄糖酵解试验一样,同样要设对照。pH向碱性转移表示阳性反应。

**5. 磷酸酶活性测定**

(1)在固体培养基上进行　试验培养基用 Bph 琼脂培养基,它有一种特殊的基质即二磷酸酚酞钠。培养基中的血清和酵母浸出物必须在 60℃ 灭活 1 小时去除这些成分中的酶。试验程序:用滚滴技术在平板表面接种液体培养物,接种平板和对照平板培养 7 天后用 5 摩/升氢氧化钠溶液淹没琼脂表面,半分钟后在接种面中间和周围出现红色者为阳性反应。

(2)在液体培养基上进行　试剂用 0.01% 二磷酸酚酞钠盐。试验程序:取被测株对数生长期的液体培养物(100 毫升)以 16 500 转/分离心 1 小时,沉淀物重悬于 1 毫升 0.01% 基质的磷酸盐缓冲液中,用 100 毫升未接种的培养基同样处理作为对照,37℃ 孵育 4 小时,各加 2 滴 5 摩/升氢氧化钠溶液,如果被测株呈红色,对照不变色则为阳性反应。

（3）注意事项　在固体培养基上为标准方法,但有时候会出现假阳性反应,这可以解释为在未接种培养基中存在着未被灭活的磷酸酶或者二磷酸酚酞钠盐的自发性降解,用液体培养基可以克服这种缺点,并且比标准方法敏感。

**6. 液化凝固马血清试验**

（1）培养基　凝固血清消化培养基（Sd）,基质是小试管内放成斜面的凝固马血清。

（2）试验程序和结果判定　将待检菌培养物用同一铂金环接种 2 支凝固血清消化培养基小管,一支用未稀释培养物,另一支用稀释至 $10^{-3}$ 的培养物,于 37℃恒温箱中培养,在 14 天内间隔观察,生长旺盛时表面液化成一个浅的下降面,凹部呈液状;生长更扩展时,可见有 1 个小洞;严重液化时,液体积累在斜面和管壁的角落里。

（3）其他类似方法　如酪蛋白消化、明胶液化和蛋白质溶解等已用于某些霉形体种的生化鉴定,但作为霉形体鉴定的常规方法,其价值目前未被确认。

**7. 七叶苷和杨梅苷水解试验**

（1）培养基和试剂　6 毫米直径滤纸片首先浸透 0.023 毫升柠檬酸铁（5%,W/V）溶液,24 小时后再用 0.02 毫升 10%七叶苷或杨梅苷溶液浸透,干燥备用。

（2）试验程序和结果判定　用滚滴技术接种 0.01 毫升待测株,当吸收以后把纸盘放在接种面中心,于 37℃恒温箱中培养,每天观察,连续观察 7 天,纸盘边缘出现淡褐色的培养痕时,则为阳性反应。这种方法的优点是能在常规生长培养基中进行,不需要加进其他基质或试剂成分。

**8. 菌膜、菌斑形成试验**

（1）培养基　在含有马血清或卵黄的琼脂培养基上进行。

(2)试验程序和结果判定　　取 1 滴待检菌培养物(0.01 毫升,含 $10^3$CFU/毫升)在琼脂表面以滚动法接种,于 37℃恒温箱中培养,在 14 天内间隔观察,阳性反应者在琼脂平板表面由于含钙与镁的皂类和类脂质沉积形成一层闪光的、有显著皱纹的薄膜,同时在陈旧菌落周边形成黑色斑点。

**9. 四氮唑还原试验**

(1)培养基　　在 Hartleys 琼脂培养基中加入 2%的氯化四氮唑溶液。

(2)试验程序和结果判定　　纯化后的菌株接种于上述培养基,于 37℃恒温箱中培养,培养基呈浅红色或红色者为阳性。

**10. 红细胞吸附试验**

(1)培养基　　能支持受试霉形体生长的固体培养基。

(2)试验程序和结果判定　　在长有菌落的固体培养基表面,加入 2 毫升 0.25%鸡红细胞生理盐水悬液,室温作用 20 分钟,弃去红细胞悬液,用生理盐水轻轻洗涤培养基表面 3～5 次,在低倍镜下观察,菌落表面布满红细胞者为阳性,无红细胞者为阴性。

**11. 溶血试验**　　在待测菌有单个菌落生长良好的平板上进行,取 1 份绵羊血加至 3 份 1%Alsever 氏液琼脂中,倾注于待测平板上。置于含 5%二氧化碳的密封容器中培养 48～96 小时判定结果,在菌落周围出现绿色带的为 α 溶血,有透明带的为 β 溶血。

**12. 美蓝着色试验**　　切取菌落生长良好的琼脂块,将菌落面向上放于载玻片上,用 pH 7.2 的磷酸盐缓冲液将 0.1%美蓝稀释 1 倍,加入等量 0.5%绵羊红细胞,于每块琼脂上滴 1 滴。菌落上或菌落周围的红细胞被美蓝着色者为阳性。

## (二)常用生化试验的培养基

**1. 葡萄糖酵解培养基**　基础培养基:心浸肉汤(经酶处理)120毫升,PPLO血清级份(Difco)1毫升,NAD(0.2%溶液,W/V)1.2毫升,0.06%酚红溶液5毫升,1%醋酸铊溶液1毫升,青霉素(2万单位/毫升)0.25毫升,pH调至7.8。试验培养基:基础培养基128毫升,50%葡萄糖溶液(W/V)1.6毫升,pH调至7.8。

除上述葡萄糖发酵培养基外,也可直接在用于培养霉形体的培养基中加入10%葡萄糖溶液。调pH至7.8,分装2毫升/管。

**2. 精氨酸水解培养基**　基础培养基:将葡萄糖酵解基础培养基的pH调至7.3即可。试验培养基:向128毫升基础培养基中加30%精氨酸溶液(W/V)4.25毫升,调pH至7.3即成。

同葡萄糖发酵培养基一样,也可直接在用于培养霉形体的培养基中加入10%精氨酸。调pH至7.3,分装2毫升/管。

**3. 磷酸酶培养基**　心浸肉汤琼脂74毫升,马血清(加热60℃,60分钟)20毫升,25%酵母浸出液5毫升,1%二磷酸酚酞钠溶液1毫升,青霉素(2万单位/毫升)0.2毫升,1%醋酸铊溶液1毫升,pH调至7.8。

**4. 凝固血清消化培养基**　心浸肉汤8毫升,马血清30毫升,25%酵母浸出液0.8毫升,无菌水1.2毫升,pH调至7.8,分装2毫升/管,在流动蒸汽中呈斜面放置45分钟灭菌,冷却凝固成斜面。

**5. 菌膜、菌斑形成试验培养基**　在霉形体生长培养基中加入10%蛋黄乳剂,调pH至7.3。倾倒平皿。

**6. 四氮唑盐培养基**　心浸肉汤90毫升,马血清(未灭活)20 毫升,25％酵母浸出液 10 毫升,NAD(0.2％溶液,W/V)1.2 毫升,2,3,5-三苯四唑盐(1％溶液,W/V)5 毫升,1％醋酸铊溶液 1 毫升,青霉素(2 万单位/毫升)0.25 毫升,pH调至 7.8。

**7. 尿素水解培养基** 3％大豆蛋白胰酶分解肉汤 100 毫升,马血清(未灭活)22 毫升,25％酵母浸出液 10 毫升,尿素(40％溶液,W/V)1.6 毫升,0.06％酚红溶液 5 毫升,青霉素(2 万单位/毫升)1 毫升,pH 调至 6.8。

# 四、无乳霉形体

**(一)样品选择** 活体动物推荐的采集样品包括鼻咽拭子、血液、鼻腔渗出物、有乳腺炎和表现健康但所生幼畜死亡率和(或)病死率高的母畜的奶汁、关节炎病例的关节液、失明病例的眼拭子,血液用于抗体检验。耳道也是富含致病霉形体的部位,尽管实践中该部位存在的非致病性霉形体可能造成确诊困难。也可在急性感染期有霉形体血症(菌血症)的血液中分离。

对死亡动物,可采集的样品包括乳房及相关淋巴结、关节液、肺组织、胸膜和心包液。样品应在湿冷条件下快速送到诊断实验室。

**(二)霉形体培养**

**1. 培养基** 常用 Eaton′s 培养基。醋酸铊可作为转移培养的必要成分减少临床样品中细菌的污染,但霉形体在体外开始生长后,应省去。醋酸铊的理想替代品是硫酸黏菌素(37.5 毫克/升)。

**2. 检测方法** 液体样品(乳汁或滑液,眼或耳拭子)或组织研磨物用合适的培养基作 10 倍系列稀释。取几滴样品平铺在琼脂板上,并按 10%(V/V)接种于肉汤培养基中。棉拭子直接在琼脂平板上划线。接种过的培养液(最好轻微振荡)和固体琼脂板在 37℃、5%二氧化碳的湿润环境中保温。每日检查生长迹象(克隆或乳白光),指示 pH 变化的颜色变化,在 35 倍放大镜下观察典型的煎蛋样菌落的出现。如果 7 天内看不到生长的霉形体,以 10%接种液体培养基并取 50 微升涂布在平板上进行二次培养,重复前述步骤。如果 21 天后看不到霉形体生长,结果为阴性。如果出现细菌污染(出现过分浑浊),将 1 毫升污染的液体培养液通过 0.45 微米的滤膜过滤除菌。

临床上偶然出现样品中同时存在几种霉形体,所以在进行生化鉴定和血清学鉴定前应进行克隆纯化,特别在生长和生长抑制检验时应分别进行生长抑制试验和发酵葡萄糖抑制试验。但克隆很耗时,至少需要 2 周时间。免疫荧光实验、免疫结合实验和最近的聚合酶链式反应不需要克隆,因这些检测可在混合培养物中检测致病霉形体,从而节省了大量时间。

**(三)生化试验** 对分离的病原株首先应做洋地黄皂苷敏感试验,此试验可以从无胆甾形体中分离霉形体。无胆甾原体可过度生长,是通常存在的污染源。最有效的生化试验包括在葡萄糖发酵和精氨酸水解试验阴性,磷酸酶活性试验阳性,以及在含有马血清或蛋黄的固体培养基上生长出现菌膜和斑点。

最近报道了一种方便、快速、利用无乳霉形体 C8-酯酶活性检测的生化试验。无乳霉形体在琼脂培养基上培养时,在 1 小时内加入发热底物 SPLA-octanoate(一种由 C8 脂肪酸和酚类发色团新合成的酯)可以形成红色菌落。牛霉形体也具有这种特性,但在小反刍动物中一般很难发现这种霉形体。

在混合培养时,很难确定分离株就是无乳霉形体。如果利用有效的聚合酶链式反应技术可以很快将无乳霉形体与牛霉形体分开。

**(四)血清学鉴定**　利用特异性血清对分离物进行鉴定,常用滤纸片生长抑制试验、菌膜抑制试验或间接荧光抗体试验进行。最近发展起来一种在微量滴定板上进行的斑点免疫结合试验,与其他试验在速度和通量上相比提高了很多。对于无乳霉形体而言,菌膜抑制试验比生长抑制试验更可信,并不是所有分离株都能观察到生长抑制现象。菌膜抑制试验还可以用于血清学诊断。向固体培养基中加入 10% 的蛋黄可以增强霉形体菌落的形成。

**1. 检测方法**　在预干燥的琼脂培养基上接种至少 2 个稀释度的 48 小时液体培养物,应用倾滴技术转动倾斜的微量滴定板,让板上只留 50 微升培养物,并用移液管吸取多余的液体;干燥微量滴定板,90 毫米直径的微量滴定板上大概可以用 2~3 个孔悬滴分离;用含有 30 微升特异性血清的圆形滤纸覆盖培养物,要保证滤纸的分离效果(至少 30 毫米距离);用霉形体培养的方法孵育板子并每天在有光的背景下观察。

**2. 结果判定**　从霉形体生长的边缘测量,抑制区超过 2 毫米判定为明显,使用低效价血清或混合培养时可产生部分抑制。如果将 60 微升抗血清加入到用软木钻孔器或更小的设备在琼脂上打 6 毫米直径孔中,可以得到更明显的结果。

在菌膜抑制试验中,将特异性抗血清加到固体培养基的菌落上,水洗后同源抗血清仍然吸附在菌落上,加入荧光素结合抗球蛋白,水洗后用荧光显微镜观察菌落就可以显示出同源抗血清。对照组应包括阳性和阴性对照微生物以及阴性对照血清。

这些血清学试验所用的抗血清是按传统方法用各种霉形体的模式菌株制备,应用这些抗血清很容易鉴定大多数野外分离物。然而,随着检测菌株的增多,发现有些菌株对这些抗血清反应很微弱,而对同种其他代表菌株的抗血清反应良好。即可能种内变异有一定程度的出现。因此,诊断实验室必须拥有多种抗血清,以便鉴定种内所有的菌株。

**(五)核酸检测方法** 聚合酶链式反应技术是许多实验室的常规方法,而且非常灵敏。对临床样品进行检测时,聚合酶链式反应技术可以提供快速早期的预警信息,当发现阳性样品时可以进行全面的检测。但不能认为阴性结果就是确定的。针对无乳霉形体,已经建立了几种特异的聚合酶链式反应技术,虽然这些方法是根据不同的基因序列设计的,但敏感性相似,可直接用于检测鼻液、泪液、滑液和组织样品。虽然有时未知抑制因素会干扰结果,但用于检测乳样时,这些方法比菌株培养能更敏感地验证阳性结果,特别是在以前没有传染性无乳症的地区。

下面的引物是依据 uvrC 基因设计的,对无乳霉形体是特异性的。每个实验室都应该优化自己的聚合酶链式反应技术,并在每一检测中都应该有阳性和阴性的 DNA 对照。MAGAUVRC1-L:CTC AAA AAT ACA TCA ACA AGC,MAGAUVRC1-R:CTT CAA CTG ATG CAT CAT AA。①应用合适的方法从霉形体分离株或临床材料中提取 DNA。②以 50 微升反应混合物进行聚合酶链式反应,体系中包括:1 微升样品 DNA,20 微摩/升的上下游引物,1 毫摩/升每种 dNTP,10 毫摩/升 Tris/HCl,pH8.3、1.5 毫摩/升氯化镁,50

毫摩/升氯化钾和 1.25 单位 TaqDNA 聚合酶。③按以下参数对混合物进行 35 个热循环：94℃ 30 秒，50℃退火 30 秒，72℃ 1 分钟。④0.7％琼脂糖 110 伏电泳 2 小时分析聚合酶链式反应产物，溴化乙锭染色显示结果，出现 1.7kb 的片段表明有无乳霉形体。

# 五、山羊霉形体山羊亚种

**(一)样品选择** 由于山羊霉形体山羊亚种也是传染性无乳症的病原之一，因此活体和死亡动物的采样与诊断无乳霉形体相似，根据临床症状选择鼻拭子、奶样、血样、关节液、乳腺组织和相关淋巴结、肺病变组织和胸腔渗出物，其中有关节炎症状的病羊关节腔渗出物及其附近组织富含病原，易于分离。

**(二)霉形体分离培养** 常用霉形体培养基如 Hartley′s 牛心汤培养基、Hayflick′s 培养基、Eaton′s 培养基和 KM2 培养基均可。检测方法与无乳霉形体相同。

**(三)生化试验** 生化试验的选择主要应区别于传染性无乳症的其他 3 种病原：无乳霉形体、丝状霉形体丝状亚种大菌落型和腐败霉形体。最有效的鉴别试验就是发酵葡萄糖试验、水解精氨酸试验、膜斑形成试验、磷脂酶活性试验和液化凝固马血清或消化酪蛋白试验。这几种霉形体的主要生化试验结果的差别见表 5-2。另外，腐败霉形体还因能在液体培养基或采集的乳样中生长并产生腐败气味而易于鉴别。但随着临床上这几种霉形体的分离株越来越多，发现某些分离株不具有这样典型的生化特征，因而生化试验的结果仅能用来确定血清学鉴定时选择抗血清的种类。

表 5-2　传染性无乳症 4 种病原霉形体的生化试验特征

| 种　名 | 发酵葡萄糖 | 水解精氨酸 | 膜斑形成 | 磷脂酶活性 | 液化凝固的马血清 | 消化酪蛋白 |
|---|---|---|---|---|---|---|
| 无乳霉形体 | - | - | + | + | - | - |
| 山羊霉形体山羊亚种 | + | + | - | + | + | + |
| 丝状霉形体丝状亚种大菌落型 | + | - | - | - | + | + |
| 腐败霉形体 | + | - | - | + | - | - |

　　**(四)血清学鉴定**　利用模式株制备的特异性抗血清对分离物进行鉴定,与检测无乳霉形体一样,常用滤纸片生长抑制试验、菌膜抑制试验或间接荧光抗体试验进行。检测无乳霉形体的斑点免疫结合试验也适用,操作程序和结果判定方法相同。但山羊霉形体山羊亚种也存在一定程度的种内变异,因此实验室应拥有多种已鉴定株特异性抗血清,以备鉴定所有分离株。

　　**(五)其他检测方法**　聚合酶链式反应技术可为血清学鉴定结果提供佐证,已经建立了根据不同目的基因序列设计的几种检测山羊霉形体山羊亚种的聚合酶链式反应技术,各实验室可根据应用经验选择自己的方法。表 5-3 列出了几种检测传染性无乳症病原霉形体的聚合酶链式反应技术使用的引物、退火温度和扩增的片段长度等。

表 5-3　传染性无乳症 4 种病原霉形体的 PCR 引物及其特点

| 种　名 | 引物名称 | 引物序列(5′→3′) | 退火温度(℃) | 产物大小(bp) |
|---|---|---|---|---|
| 无乳霉形体 | Magauvrc1-L | CTCAAAAATACATCA ACAAGC | 50 | 1700 |
| | Magauvrc1-R | CTTCAACTGATGCAT CATAA | | |
| 山羊霉形体山羊亚种 | MCCPL1-L | CTTTCACCGCTTGTTGATG | 51 | 1356 |
| | MCCPL1-R | CTTCACCGCTTGTTGAATG | | |
| 丝状霉形体丝状亚种大菌落型 | MMMLC2-L | CAATCCAGATCATAAAAAACCT | 49 | 1049 |
| | MMMLC1-R | CTCCTCATATTCCCCTAGAA | | |
| 腐败霉形体 | SSF1 | GCGGCATGCCTAATACATGC | 64 | 540 |
| | SSR1 | AGC TGC GGC GCT GAG TTC A | | |
| | Mput1 | AAATTGTTGAAAAATTAGCGCGAC | 52 | 316 |
| | Mput2 | CATATCATCAACTAGATTAATAG-TAGCACC | | |

# 六、山羊霉形体山羊肺炎亚种

　　山羊霉形体山羊肺炎亚种是引起山羊传染性胸膜肺炎的主要病原。山羊暴发性呼吸道疾病的诊断,尤其是山羊传染性胸膜肺炎,比较复杂,特别在流行地区,必须在临床病理学上与其他相似的综合症状区分开来,如小反刍兽疫,绵羊也同样易感;巴氏杆菌病由于引起大范围肺损伤而必须区分开来;还有乳腺炎、关节炎、角膜炎、肺炎和败血病综合征等,肺炎通常伴随其他器官病变。对于易感山羊群来说,不分年龄与性别,由山羊霉形体山羊肺炎亚种引起的疾病都是极易传染和致命的,肺脏的组织病理特征为间质和间叶水肿,但对绵羊和牛群则无影响。

（一）**病料采样与处理**　一般选择胸腔渗出液、病变肺部组织和纵隔淋巴结，应特别选择硬变部位和非硬变部位交界处的样品以及胸水。如果不能立即进行微生物检查，可将样品或整个肺脏置于−20℃条件下冷冻保存，霉形体的活力数月内不会有明显下降。由于霉形体活力随温度增高迅速降低，样品运送时必须尽可能保持低温，肺脏样品可以冻干后送往其他实验室。但是，冻干可使多种霉形体，包括山羊霉形体山羊肺炎亚种的滴度下降。

用渗出液、病变部组织悬液或胸水压抹片或切片镜检，在暗视野显微镜下观察，可见到山羊霉形体山羊肺炎亚种在活体内呈分支丝状形态。也可切开病变肺部制成抹片，用梅-格鲁沃尔德-姬姆萨氏染色，用光学显微镜检查。其他山羊霉形体的形态为短丝或球杆状。但这些结果均不能作为诊断依据。

聚合酶链式反应技术可用于扩增丝状霉形体簇 16S rRNA 基因片段保守区，然后将扩增产物通过限制性酶切来检测山羊霉形体山羊肺炎亚种。该检测方法可直接用于临床材料的检测，像肺组织、胸水等。但是，对于山羊霉形体山羊肺炎亚种的分离仍是最理想的检测方法。

可用凝胶沉淀试验检测组织标本中山羊霉形体山羊肺炎亚种抗原。山羊霉形体山羊肺炎亚种可释放出一种抗原多糖，针对这一多糖制成一种特异性单克隆抗体。这种抗体与所释放的多糖在琼脂中反应，可出现特异性免疫沉淀，并已用于鉴定山羊传染性胸膜肺炎的抗原，特别是当样品由于运输拖延而不适于做培养时。

（二）**霉形体分离与培养**　样品拭子悬浮于 2～3 毫升的培养基中。组织样品最好用剪刀剪碎，每克样品加培养基 9 毫升，强烈振荡，或在培养基内捣碎。病料组织不能研磨，一般霉形体培养基制备悬浮液,如果同时还要进行细菌学检查,则应用高质量的细菌培养基,如营养肉汤,适宜做2种检验。胸水、组织悬液或拭子均须用霉形体选择培养基至少做3个10倍系列稀释。将样品的各种稀释液分别接种固体培养基进行培养。

山羊霉形体山羊肺炎亚种对营养要求严格,一般使用Thiaucourt氏培养基和改良Thiaucourt氏培养基,其他适合培养基还有改良KM2培养基、改良Hayflick's培养基、纽因氏胰蛋白培养基、山羊肉肝汤培养基和WJ培养基等。不管是初次分离还是生产山羊霉形体山羊肺炎亚种抗原,使用富含0.2%(或达到0.8%)丙酮酸钠溶液进行增菌培养要好一些。液体培养基在-25℃条件下至少可以保存6个月。青霉素等抗生素必须在培养基最后分装时加入。液体分装于小管(每管1.8~2.7毫升)或带螺旋盖的试管中(每管4.5毫升),4℃条件下可保存3周。固体培养基最好用琼脂糖(0.9%W/V)、诺布尔(Noble)琼脂(1.5%W/V)或纯琼脂(0.6%W/V)制作,平板厚6~8毫米,最好现配现用,4℃条件下保存不得超过2周。所有的培养基必须进行质量控制检验,保证能够支持霉形体生长。实验中必须将参考毒株与怀疑样品共同培养,保证实验正确。

培养基接种后置于37℃条件下培养。平板培养基最好放在含5%二氧化碳、95%空气或氮气下或在湿润烛缸中培养。每天检查液体培养物生长情况即颜色变化和有无絮状物出现。肉眼观察出现混浑时,表示有细菌污染,应将培养物经孔径0.45微米的滤膜过滤后移植,用1/10量接种于液体培养基或用接种环在琼脂平板上划线培养。

平板培养物每1~3天用解剖镜(放大5~50倍)配以透射和入射光源检查1次,如果是阴性,14天后将平板废弃。

继代时切下带有孤立菌落的琼脂块,表面朝下,放在新鲜琼脂平板表面上并稍推动,或将其投入新鲜液体培养基内。也可用巴斯德氏吸管将带有单个菌落的琼脂块吸出,放进新鲜液体培养基中。

培养物的克隆或纯化是将所见各种形态有代表性的菌落反复移植,菌落形态常随培养基种类、霉形体属种、传代次数以及培养时间而变化。

在低代次中,多种霉形体包括山羊亚种可产生畸形菌落,如小型、无芯、形状不规则等,这种情况常见于刚刚适应的培养基。经过传代,这些培养物出现正常的煎蛋状菌落。但绵羊肺炎霉形体除外,仍保持无中芯菌落。丝状霉形体丝状亚种大菌落型菌株和山羊霉形体山羊亚种的菌落直径可达 3 毫米。液体培养物在继代之前,经孔径 0.45 微米的滤器滤过,除去细胞聚合物,有利于纯化。培养物怀疑为 L 形细菌时,必须用未加抗生素和醋酸铊的霉形体固体培养基继代 3～5 代,观察是否恢复正常形态。

进行初次分离用的液体培养基培养到第七天,如果仍不见生长迹象,要进行盲传。每份样品的培养物,包括 1 次盲传继代至少检查 3 周后,方可废弃。测定液体培养物的滴度,可将培养物用液体培养基作 10 倍系列稀释滴定,稀释至 $10^{-10}$,培养 3～4 周时判读,并以每颜色变化单位(CCU)予以表示。平板上生长则以每毫升菌落形成单位(CFU)表示。

(三)生化试验  对准备鉴定的野毒株应该传代,最好克隆 3 次。生化试验不能准确鉴定分离株,目前只有用血清学或遗传学的方法才能做确切鉴定。有些生化反应的种内差异很大,但有些试验有助于筛检和提供血清学检测的佐证。

最常用的生化试验是葡萄糖分解、精氨酸水解、菌膜菌斑形成、氯化四氮唑还原（需氧或厌氧的）、磷酸酶活化、血清消化和洋地黄皂苷敏感性试验。前三种试验是常规分离和培养霉形体的试验。液体培养基中酚红指示剂在葡萄糖降解时呈酸性，变为黄色，精氨酸水解时呈碱性，变为红色。常规的培养基不能用于精氨酸的评估，监测精氨酸水解途径的试验应含有高浓度的精氨酸、不含蔗糖。菌膜菌斑形成试验是在琼脂平板表面由于脂质沉淀形成一层闪光的有显著皱纹的薄膜，同时在陈旧菌落周围形成黑色斑点。这种现象可见于含20%或以上马或猪血清的琼脂培养基，补充10%的蛋黄乳剂可以提高试验的灵敏度。

其他生化试验需要特定的培养基或试剂。四氮唑还原试验可以为无乳霉形体存在与否提供证据，这种霉形体既不发酵糖也不水解精氨酸。血清消化试验可区别许多小反刍兽的霉形体，磷酸酶的产生又可区别于山羊霉形体山羊亚种与同群中的其他成员。洋地黄皂苷敏感性试验则可鉴别霉形体目与无胆甾原体目。

（四）血清学鉴定 生产高免血清时所用霉形体抗原都会受到培养基成分的污染，这些污染物质刺激接种动物产生的抗体在血清学鉴定试验中可引起假阳性反应。为克服这个问题，可用生产抗原的培养基吸收抗血清（每毫升抗血清加10毫克冻干培养基）。或者用含有同源动物成分的培养基培养霉形体用作抗原。例如，用生长于山羊肉肝汤培养基的霉形体去免疫山羊。

由于丝状霉形体群中霉形体之间有很相近的血清学关系，来源于山羊传染性胸膜肺炎病例的分离物，最好要用下列3种试验中的2种进行鉴定。

**1. 生长抑制试验** 生长抑制试验是最简单、特异性高，但也是最不敏感的一种试验。这种试验是利用特异性高免血清在固体培养基上直接抑制霉形体生长,主要检测表面(膜)抗原。

山羊霉形体山羊肺炎亚种具有高度血清学均一性,不论试验菌株的来源,使用模式菌株的抗血清做生长抑制试验,即可出现宽的抑菌区。使用多克隆抗血清,则山羊霉形体山羊肺炎亚种可与牛霉形第七群(PG50)、马生殖道霉形体和灵长类霉形体有交叉反应。但现在已生产了对山羊霉形体山羊肺炎亚种特异性的单克隆抗体。这种单克隆抗体试剂(WM25)用于培养皿生长抑制试验时,对山羊霉形体山羊亚种分离物有特异性,可以排除山羊的无乳霉形体,但不能区别牛霉形第七群(不见于山羊),后者可用菌落间接免疫荧光试验区分。用山羊霉形体山羊亚种抗血清做生长抑制试验,少部分山羊霉形体山羊肺炎亚种分离物也有交叉反应。

检测方法:①根据分离物在琼脂平板上的生长活力,选用中后期对数生长期液体培养物连续做 3 次 10 倍稀释。②琼脂平板 37℃干燥 30 分钟。③用 1 滴(10~20 微升)未稀释血清浸湿灭菌纸片(直径 6~7 毫米),这些纸片可以直接湿用,也可于-20℃保存,或冻干于 4℃条件下保存。④培养物每一稀释度用 1 块平皿(直径 5 厘米或 10 厘米),分别加入 1 毫升或 2.5 毫升,均匀涂布平皿表面,弃去多余液体。⑤平板置于 20℃~30℃条件下干燥 15~20 分钟,最好在无菌罩中进行。直到平板表面看不到液体,但保留一定湿度,使冻干纸片能贴附于琼脂表面。⑥根据样品来源、分离物的生化反应和菌落形态,选用几张浸有不同抗血清的纸片,小心贴到琼脂平板上。从山羊传染性胸膜肺炎病例所得分离物应先用山羊霉形体山羊肺炎亚种、丝状霉形体丝状亚种、丝状霉形体山羊亚种、山羊霉形体山羊亚种以及绵羊肺炎霉形体的抗血清筛选，还要贴上含 1.5％洋地黄皂苷的圆纸片。⑦平板置于 37℃条件下培养 2～6 天。开始时置于 27℃条件下培养过夜可提高试验的敏感性。洋地黄皂苷的抑制作用通常很明显，但抗血清的抑制作用有时可能较难解释。因为随着霉形体种类、菌落密度和抗血清的效价不同，有些只是限制生长而不是完全抑制增殖。在抑制区内经常可以看到"突围"菌落。偶尔在圆纸片四周发现沉淀环。抑制区直径在 2 毫米或以上判为阳性。

**2. 生长沉淀试验**　生长沉淀试验是检测生长培养物释放出的可溶性胞质和外膜抗原。在生长过程中抗原可经霉形体固体培养基向霉形体抗血清方向扩散。同凝胶沉淀试验一样，在丝状霉形体簇内有强交叉反应。如果用单克隆抗体 WM25 进行此项试验，对山羊霉形体肺炎亚种有特异性，则可同时出现特异性抑制和生长沉淀线。

**3. 间接荧光抗体试验**　在多种鉴定霉形体的血清学方法中，以直接和间接荧光抗体试验最为有效，简便、快速、敏感，又节约抗血清。在已报道过的多种试验方法中，最常用也可能是最好的就是对琼脂上未固定的菌落进行间接荧光抗体试验。单一菌株的抗血清即可鉴定同种的野外分离株。抗血清在使用时应稀释。培养物不必克隆，只需在试验前继代数次，证明为纯种，并表现其生长特性。

检测方法：①用 2 块琼脂平板，置于 37℃条件下干燥 30 分钟。每块平板注入不同稀释度的待检培养物，其稀释度根据菌株在琼脂培养基上的生长活力而定。或将 1 滴未稀释的培养物，用 L 形玻璃棒均匀涂布于 5 平方厘米的平板上。②以上平板置于 37℃条件下培养，观察到有生长的迹象为止。如果不能立即进行试验，平板可以在 4℃条件下保存 4

周。③从平板上菌落多但不融合之处,切取几块 0.5～1 平方厘米的小块。每份琼脂培养物的小块要切成相同的几何形状,各种培养物的小块形状相异以便识别各分离物。每份培养物各取数块,菌落面朝上,分别放在载玻片上,每个载玻片使用不同的霉形体抗血清,所有琼脂小块底切一角,便于以后确认菌落面。④将免疫霉形体血清(ra-m)或正常兔血清(NRS,对照组)用普通生理盐水或 pH 为 7.2 磷酸盐缓冲液适当稀释,用吸管小心加入并覆盖每个琼脂块的整个表面。兔抗霉形体血清的稀释度是根据兔抗霉形体血清与异硫氰酸荧光素(FITC)标记的抗兔免疫球蛋白血清(a-r-Ig-FITC)做棋盘式滴定来确定。⑤将带琼脂小块的载玻片放入湿盒,置室温下孵育 30 分钟。⑥分别将每块载玻片上全部琼脂块移入含 7 毫升磷酸盐缓冲液的 10 毫升试管中。⑦试管加塞以18～30 转/分速度旋转振荡 10 分钟,弃去磷酸盐缓冲液,加入新鲜磷酸盐缓冲液,再旋转振荡 10 分钟。⑧弃去磷酸盐缓冲液,分别把琼脂小块菌落面朝上,放在载玻片上,吸取多余水分。⑨将所有琼脂块用适当稀释的 a-r-Ig-FITC 覆盖。⑩把琼脂小块放入湿盒中,置室温中孵育 30 分钟,移到含有新鲜磷酸盐缓冲液试管中,如前旋转清洗 2 次。⑪重新把琼脂小块菌落面朝上,分别放到载玻片上,依照异硫氰酸荧光素生产厂家说明,用免疫荧光显微镜检查。

注意事项:①工作浓度的 ra-m 和 a-r-Ig-FITC 必须于4℃条件下保存,有效期为 1 周。②山羊传染性胸膜肺炎病例的分离物应分别用山羊霉形体山羊肺炎亚种、丝状霉形体丝状亚种大菌落型、丝状霉形体山羊亚种和山羊霉形体山羊亚种的抗血清核查。阳性对照培养物应包括各种霉形体的标准菌种。③每次培养都应设有用正常兔血清处理的阴性对照

（NRS-处理过）。④本试验有时难以判定，因为一些菌种，特别是无胆甾原体，能产生自发荧光。有些虽然是纯培养物，但仍有部分菌落对相应抗血清不呈阳性反应。另外，常可由于琼脂培养物生长过老，或所用抗血清因稀释或保存关系失效以致试验结果不确实。

**（五）其他鉴定试验**  代谢抑制和四氮唑还原抑制试验有时也用于山羊霉形体的鉴定，已有一种基因探针 F38-12，可以鉴别山羊霉形体山羊肺炎亚种。

一旦此菌培养成功后，一天之内通过聚合酶链式反应技术可以确定山羊霉形体山羊肺炎亚种，该实验基于 16S rRNA 基因片段扩增，扩增产物被 PstI 消化时，用琼脂糖凝胶电泳溴化乙锭染色后进行分析，可以观察到山羊霉形体山羊肺炎亚种以一种独特的方式分为 3 个片段。

近来，已使用聚合酶链式反应技术和序列测定进行传染性胸膜肺炎的分子流行病学研究，实验可检验干的样品，如滤过胸水的滤纸，通过测序可准确地鉴定种（16S rRNA 的切割位点和一个特异的检测位点"locusH2"）。

# 七、丝状霉形体丝状亚种大菌落型

**（一）样品选择**  怀疑丝状霉形体丝状亚种感染的活体和死亡动物，除根据临床症状选择鼻拭子、眼拭子、奶样、关节液、乳腺组织和相关淋巴结外，有肺炎和肺部病变的病羊应特别注意采集病变肺组织和胸腔渗出物。

**（二）霉形体培养**  常用霉形体培养基如 Hartley's 牛心汤培养基、Hayflick's 培养基、Eaton's 培养基和 KM2 培养基均可。培养方法与无乳霉形体相同，但丝状霉形体丝状亚种大菌落型在琼脂平板上能长到直径达 1～3 毫米的典型煎蛋状大菌落。

**(三)生化试验**　对怀疑为丝状霉形体丝状亚种应进行发酵葡萄糖试验、水解精氨酸试验、膜斑形成试验、磷脂酶活性试验和液化凝固马血清或消化酪蛋白试验。

**(四)血清学鉴定**　采用生长抑制试验、代谢抑制试验或间接荧光抗体试验进行，也可用模式株抗血清按照检测无乳霉形体的斑点免疫结合试验进行。这种霉形体的分类鉴定目前有一定的争议，由于所致疾病在临床症状、病理变化与丝状霉形体山羊亚种难以区别，系统发生学分析也认为两者基本相同，国际霉形体分类学委员会已考虑将这两种霉形体合并为一种。

**(五)其他检测方法**　在检测传染性无乳症的 4 种病原霉形体时，已建立了几种聚合酶链式反应技术或聚合酶链式反应-限制性酶切分析法(PCR-REA)。直接聚合酶链式反应技术所用引物参见表 5-3。聚合酶链式反应-限制性酶切分析法是将聚合酶链式反应技术产物用特定的内切酶消化后电泳分析，不同的霉形体能显示不同的电泳带型。Dedieu 等 1995年介绍了鉴别无乳霉形体、山羊霉形体山羊亚种和丝状霉形体丝状亚种大菌落型的聚合酶链式反应-限制性酶切分析法。笔者分别设计了 2 对引物 Ma 和 Myc，无乳霉形体可直接用Ma 扩增得到一条特异性的 933bp 的条带，用 Myc 扩增则无产物；但 Myc 可对后 2 种霉形体扩增出 460bp 大小的产物，将产物用 Ase I 酶切，即可区分这两种霉形体。

# 八、丝状霉形体山羊亚种

**(一)病料采集**　活体用棉拭子伸入鼻腔采集分泌物，放入无菌试管中立即送往实验室供细菌分离。尸体剖检，样品选用肺脏病变部,特别是硬变部位和非硬变部位交界处的样品以及胸水和纵隔淋巴结。有其他病变如关节病变者也应采集关节渗出物或周围组织。采集的样品应在 4℃ 条件下于 24 小时内送到实验室。如果不能立即进行微生物检查,可将样品或整个肺脏置于 −20℃ 条件下冷冻,可保存 1~2 个月。

**（二）霉形体培养**

**1. 培养基** 丝状霉形体山羊亚种对营养的要求不十分严格,20% 马血清马丁肉汤中即可生长。常用培养基还包括 KM2 培养基和 Hartley's 牛心汤培养基。第二章第三节中所列其他培养基也适用于本菌的生长。

**2. 检测方法** 样品拭子可悬浮于 2~3 毫升的 20% 马血清马丁肉汤中。组织样品最好用剪刀剪碎,每克样品加培养基 9 毫升,强烈振荡,或在培养基内捣碎。胸水、组织悬液或拭子均须用 20% 马血清马丁肉汤做 3 个 10 倍系列稀释,稀释到 $10^{-4}$。将样品的各稀释液分别接种到 20% 马血清马丁肉汤和琼脂培养皿上,培养皿用胶布封口,置于 37℃ 条件下培养,每天观察 1 次,5~7 天后判定。如未见生长,即按上述方法连传 3 代。

丝状霉形体丝状亚种在 20% 马血清马丁肉汤内经 4~5 天培养后,呈轻度浑浊带乳光样纤细菌丝生长,无菌膜、沉淀或颗粒悬浮。在 20% 马血清马丁琼脂斜面或平板上生长迟缓,生长的菌落与微小的水滴相似（露滴状透明菌落）,以放大镜仔细观察,为大小悬殊且不很圆整的圆形或椭圆形菌落,中央乳头状凸起明显（煎蛋状）,菌落直径 0.3~0.5 毫米。

以培养物抹片,经用姬姆萨氏染色,镜检呈淡紫色,为细小的球状、双球状、弧状等典型的多形态。直径 125~250 纳米。

**(三)生化试验** 丝状霉形体山羊亚种接种于糖发酵和精氨酸水解培养基内,于37℃恒温箱内培养5～7天,能发酵葡萄糖和产酸,但不能水解精氨酸。磷酸脂酶活性测定呈阴性,可液化凝固的马血清,菌膜、菌斑形成试验呈阴性。凡分离株出现上述生化实验结果,即可初步判定为丝状霉形体山羊亚种,但需要血清学或其他鉴定方法佐证。丝状霉形体山羊亚种的主要生化试验特性见表5-4。

**表 5-4　丝状霉形体山羊亚种的主要生化特性**

| 霉形体名 | 模式株 | 水解葡萄糖 | 水解精氨酸 | 磷酸脂酶活性 | 血清液化试验 | 膜、斑形成试验 | 洋地黄皂苷敏感性 |
|---|---|---|---|---|---|---|---|
| 丝状霉形体山羊亚种 | $PG_3$ | + | − | − | + | − | + |

**(四)血清学鉴定**

**1. 生长抑制试验**

(1)检测方法　选用对数生长期中后期液体培养物连续做 4 次 10 倍稀释,稀释到 $10^{-5}$,一般用 3 个稀释度,即 $10^3$ CFU/毫升、$10^4$ CFU/毫升、$10^5$ CFU/毫升。接种物用 $10^3$ CFU/毫升。琼脂平板置于37℃恒温箱干燥30分钟。用 1 滴(10～20 微升)未稀释血清(阳、阴性)浸湿灭菌圆纸片(直径 6 毫米),冻干 4℃保存。抗原每一稀释度用 1 块平皿(直径 6～8 厘米),以滚滴法接种 1 滴(0.01 毫升)抗原均匀涂布平皿表面。平板置于 20℃～25℃条件下干燥 15～20 分钟,最好在超净工作台中进行。直到平板表面看不到液体,但保留一定湿度,使冻干纸片能贴附于琼脂表面。平板置于 37℃湿环境下培养直到菌落出现。

(2)结果判定　低倍镜下量出抑制带宽度,即从纸片边缘到菌落边缘的距离,抑制区直径在 2 毫米或以上时判为阳性,小于 2 毫米为阴性。

**2. 代谢抑制试验**

(1)材料准备　准备好微量稀释棒、定量吸收板、封口胶片、96 孔 U 型微量滴定板。滴定板用前在 70％乙醇中浸泡 5 分钟,在去离子水中浸泡 30 分钟,空气干燥。微量吸管浸泡在生理盐水和蒸馏水中,最后在蒸馏水中煮沸 5～10 分钟,空气干燥。微量稀释棒在生理盐水中浸泡、干燥、再泡在蒸馏水中,干燥,最后缓慢燃烧灭菌。抗原是活体霉形体培养物,生长在试验培养基上,适应传代 2～3 次,并测定活菌浓度(颜色变化单位表示,即 CCU/毫升)。测定活菌浓度的方法:以 1 毫升的量把抗原做 10 倍系列稀释至 $10^{-8}$;取每个稀释度 2 滴和 6 滴培养基加入孔中,最末 4 孔作为 pH 终点对照,即把 pH 调至被试培养孔预计到的终点;用透明绝缘胶带封盘,避免通气,37℃培养;每日观察结果,记录 pH 变化,当变色孔不再增加以后确定终点。导致颜色改变的最高抗原稀释度看作是 1CCU/毫升。

(2)检测方法　①标准阳性血清(模式株 PG3 高免血清)56℃水浴灭活 30 分钟,并做 1：10 稀释。②滴定板上 12 孔每孔加 1 滴(0.025 毫升)培养基。③用微量稀释棒蘸取 1：10 血清(0.025 毫升),将微量稀释棒从第一孔开始做血清的 2 倍系列稀释,至少转动 60 次,移 0.025 毫升到下 1 孔。最后 1 孔完成以后,在定量测试滤纸板上检查载液量的准确性。④加 0.05 毫升(2 滴)经适当稀释的霉形体到每孔中。⑤每孔再加 5 滴(0.125 毫升)培养基。⑥用 1 排孔作如下对照:培养基对照 4 孔,每孔加 0.2 毫升(8 滴)培养基;霉形体对照4 孔,每孔加 0.15 毫升(6 滴)培养基和 0.05 毫升(2 滴)霉形体;终点对照,按所需 pH 要求,加培养基 0.2 毫升(8 滴),共做 4 孔。⑦用胶布封盘,37℃条件下培养。

(3)结果判定  当抗原对照已达到半个 pH 变化单位时,即变色达到终点标准时开始读数,能抑制颜色改变的最高血清稀释度为终点。

**3. 表面荧光抗体试验(间接法)**

(1)材料准备  ①兔抗霉形体血清(ra-m),健康兔血清(NRS,对照用)。②抗兔免疫球蛋白荧光抗体(a-r Ig-FITC)。③霉形体(未固定菌落),大约以 $10^3$ CFU/毫升接种适合的固体培养基,置于 37℃ 湿环境下培养直到菌落明显可见为止。从平板上菌落多但不融合之处,切取几块大约 0.25 平方厘米的琼脂块,菌落面向上,分别放在载玻片上。

(2)检测方法  ①将兔抗霉形体血清或健康兔血清,用生理盐水或 pH 7.2 的磷酸盐缓冲液适当稀释,取 1 滴加入并覆盖菌落未固定的琼脂块的整个表面。兔抗霉形体血清的稀释度是根据兔抗霉形体血清与异硫氰酸荧光素标记的抗兔免疫球蛋白血清做棋盘式滴定来确定。②将带琼脂小块的载玻片放入湿盒,置于室温(20℃)下孵育 30 分钟。③分别将每块载玻片上的全部琼脂块移入约含 7 毫升磷酸盐缓冲液的 10 毫升试管中。④试管加塞以 18～30 转/分离心 10 分钟,弃去磷酸盐缓冲液,加入新鲜磷酸盐缓冲液,再离心 10 分钟。⑤弃去磷酸盐缓冲液,分别把琼脂小块菌落面朝上,放在载玻片上,吸去多余水分。⑥将琼脂块用适当稀释的抗兔免疫球蛋白荧光抗体 1 滴覆盖。抗兔免疫球蛋白荧光抗体的工作稀释度根据与兔抗血清反应的棋盘滴度来确定,取荧光最强、背景最暗的最高血清稀释度作为最适稀释度。⑦把琼脂小块放入湿盒中,置室温(20℃)下孵育 30 分钟,移到含有新鲜磷酸盐缓冲液的试管中,如前离洗 2 次。⑧重新把琼脂小块菌落面向上,分别放到载玻片上,用免疫荧光显微镜检查荧光。

**(五)其他鉴定试验** Hotezl 等 1996 年报道了检测丝状霉形体簇的套式聚合酶链式反应技术,其中 2 对引物可用于检测丝状霉形体丝状亚种,检测灵敏度为 50~100CFU/毫升霉形体。

**1. 材料准备**

(1)器材 PCR 扩增仪、1.5 毫升离心管、2 毫升离心管、0.2 毫升 PCR 反应管、水浴槽、台式高速温控离心机、电泳仪、移液器、移液器吸管、紫外凝胶成像仪、冰箱。

(2)试剂 NET 缓冲液,自配;Rnase A、蛋白酶 K、TaqDNA 聚合酶、PCR 缓冲液、dNTPs、φX174-HaeⅢ digest DNA 分子质量标准、无水乙醇、酚-氯仿-异戊醇(25∶24∶1)、Tris、琼脂糖、乙二胺四乙酸(EDTA)、冰乙酸、氯化钠、溴酚蓝、二甲基苯青、溴化乙锭、十二烷基硫酸钠(SDS)、乙酸钠、盐酸、聚蔗糖。

(3)引物 Pc1 TATATGGAGTAAAAAGAC, Pc2 AATGCATCATAAATAATTG, Pc3 ACTGAGCAATTC-CTCTT,Pc4 TTAATAAGTCTCTATATGAAT。

**2. 检测方法** ①用合适的方法从临床分离株或被检材料中提取 DNA。胸水在室温下溶解(胸水置于−20℃可保存 1~2 个月,当日检测可置于 4℃ 条件下),取 500 微升于 2 毫升离心管中,加入 100 微升 NET 缓冲液。棉拭子用 NET 缓冲液 2 毫升冲洗棉签蘸取的鼻腔或关节分泌物。组织取病变明显的 1 小块肺脏组织或纵隔淋巴结,将碎组织块置于 2 毫升离心管中,加入 400 微升 NET 缓冲液(pH 7.6)。向上述样品中加入 100 微升 10% 的十二烷基硫酸钠溶液(终浓度 1.5%),混匀。在 95℃~100℃ 孵育 10 分钟后,迅速放置于冰上冷却 10～15 分钟。加入 Rnase A 至终浓度为 40 微克/毫升,50℃作用 5 分钟。然后加入蛋白酶 K 至终浓度为 200 微克/毫升,50℃作用 5 分钟。在消化液中加入等体积的酚-氯仿-异戊醇(25∶24∶1),用手摇动 2～3 次,于 4℃条件下以 7 000 转/分离心 10 分钟。转移上清液于另一离心管中。加入 2.5 倍体积的预冷无水乙醇,-20℃沉淀 30 分钟,12 000 转/分离心 10 分钟,弃去所有液相。用 1 毫升 70% 乙醇漂洗,重复 2～3 次,12 000 转/分离心 2 分钟。真空或室温干燥,DNA 沉淀物用 25 微升无菌双蒸水溶解作为模板,保存在 -20℃条件下备用。此外,对获得的霉形体培养物还可直接煮沸 10 分钟取上清作为模板。②以 50 微升(或 20 微升)反应体系进行第一次聚合酶链式反应,混合物中包括 PCR 缓冲液(10×buffer)5 微升,dNTPs 3 微升,Pc1 和 Pc2 引物各 1 微升,模板(被检样品总 DNA)5 微升,无菌双蒸水 34.5 微升,Taq DNA 聚合酶 0.5 微升。③95℃变性 5 分钟后按以下参数对混合物进行 30 个热循环:94℃变性 30 秒,49℃退火 30 秒,72℃延伸 30 秒。最后 72℃延伸 10 分钟。④第二次扩增。用 Pc3 和 Pc4 引物对第一次扩增产物进行套扩。反应以 50 微升(或 20 微升)体系进行,包括 PCR 缓冲液(10×buffer)5 微升,dNTPs 3 微升,Pc1 和 Pc2 引物各 1 微升,模板(被检样品总 DNA)5 微升,无菌双蒸水 34.5 微升,Taq DNA 聚合酶 0.5 微升。⑤按以下参数进行 30 次热循环:94℃变性 30 秒,46℃退火 30 秒,72℃延伸 30 秒,最后 72℃延伸 6 分钟。样品检测时,同时要设阳性对照和空白对照。⑥第二次反应结束,取产物各 5 微升进行琼脂糖凝胶电泳。

**3. 结果判定** 样品泳道出现 1 条 195bp 的条带为阳性。空白对照泳道不出现任何条带。

# 九、绵羊肺炎霉形体

**(一)样品选择**　怀疑绵羊肺炎霉形体感染的活体和死亡羊只,主要选择鼻拭子、气管分泌物、胸腔渗出物以及病变肺组织和相关淋巴结。

**(二)霉形体培养**　常用 Hartleys 牛心汤培养基和 KM2培养基。用铂金环取组织乳化液、渗出物直接涂于固体培养基,至 37℃密闭罐中培养。或将乳化液 0.5 毫升接种于含有4.5 毫升液体培养基的试管中,以 10 倍递减稀释至 $10^{-5}$,置于 37℃培养。每隔 48 小时盲传 1 次,每代在接种液体培养基的同时,也接种固体培养基培养 3～5 天。

取培养物涂片,瑞氏染色,油镜下观察菌体形态呈多形性,多呈球形、环状、两极状、梨形或车轮形,菌体大小差异很大。菌落形态观察取液体培养物 0.1～0.2 毫升接种于 Hartleys 培养基的琼脂平板,放入铺有湿纱布的密封罐内培养3～5 天,置低倍显微镜下观察可见菌落很小,呈圆形桑葚状,直径为 100～200 微米,质地疏松,无中心脐。电镜下见绵羊肺炎霉形体无细胞壁,细胞膜由 3 层单位膜构成,膜外有一层细绒毛,似一层荚膜。

**(三)生化试验**　怀疑为绵羊肺炎霉形体的菌株纯化后应进行胆固醇需要试验、四氮唑还原试验、葡萄糖发酵试验、水解精氨酸试验、分解尿素试验、溶血试验、美蓝着色试验。

绵羊肺炎霉形体菌株的生化试验结果应为胆固醇需要试验为阳性,四氮唑还原试验为阳性,葡萄糖发酵试验为阳性,水解精氨酸试验、分解尿素试验为阴性,溶血试验为 β 溶血,美蓝着色试验为阳性。

**(四)血清学鉴定**　用直径 6 毫米的滤纸片灭菌后加

0.02 毫升抗血清（模式株 Y98 高免血清）浸透，室温空气干燥，－30℃可保存几个月。试验在约 4 毫米厚的琼脂板上进行，使用前 37℃处理 30 分钟，使琼脂板表面干燥，接种物用 $10^3$CFU/毫升培养物，使用 3 个稀释度，即 $10^3$CFU/毫升、$10^4$CFU/毫升、$10^5$CFU/毫升，以滚滴法接种 1 滴（0.01 毫升）培养物于固体表面，吸收后把纸片放在接种面中心，于 37℃潮湿环境下培养直到菌落出现，测量抑制带宽度即从这片边缘到菌落边缘的距离，大于 0.5 毫米为同种，小于 0.5 毫米为异种。

**（五）其他鉴定试验**　检测绵羊霉形体的聚合酶链式反应技术报道很多，各个实验室可根据经验选用。以下是 MacAuliffe 等 2003 年建立的聚合酶链式反应鉴定方法，引物 LMF1：TGAACGGAATATGTTAGCTT，LMR1：GACT-TCATCCTGCACTCTGT。

**1. 检测方法**　①DNA 的提取。将培养物以 12 000 转/分离心 3 分钟，沉淀用 TE 缓冲液洗 3 次后用 450 微升 TE 缓冲液悬浮沉淀，再加入 10％十二烷基硫酸钠溶液至终浓度为 1％，混匀，加入蛋白酶 K（10 毫克/毫升）至终浓度为 100 微克/毫升，混匀，于 37℃消化 1 小时，然后用等体积的酚：氯仿：异戊醇（25：24：1）抽提 2 次，取上清液用氯仿：异戊醇（24：1）抽提 1 次，取上清液加入 1/10 体积的 3 摩乙酸钠（pH 5.2）和 2 倍体积的无水乙醇，置－20℃ 2 小时沉淀 DNA，12 000 转/分离心 15 分钟，弃上清液，沉淀物用 70％乙醇洗 2 次，待乙醇挥发干净后，用 20 微升 TE 缓冲液溶解 DNA，保存于－20℃条件下。②聚合酶链式反应体系及反应条件。总反应体积为 50 微升，含 PCR 缓冲液（10×buffer）5 微升，10 毫摩/升 dNTPs 2 微升，TaqDNA 聚合酶（1 单位）

0.5 微升,20 微摩/升引物各 1 微升,样品模板 DNA 5 微升,最后加双蒸水至总体积 50 微升。先 94℃预变性 10 分钟,然后按下列参数循环 30 次,94℃变性 30 秒,55℃退火 30 秒,72℃延伸 30 秒,最后 72℃延伸 10 分钟。③取 10 微升 PCR 产物,在 2%琼脂糖凝胶中电泳,溴化乙锭染色后,紫外线灯下观察结果。

**2. 结果判定**　出现大小为 361bp 条带为阳性。

## 第二节　羊霉形体病的血清学诊断

用免疫血清学方法检测羊霉形体抗体是诊断羊霉形体病的常规诊断技术,是羊霉形体病流行病学调查、个体诊断和羊群检疫的重要工具。常用的免疫血清学技术如凝集试验、沉淀试验、补体结合试验、酶联免疫吸附试验等在诊断羊霉形体病上都有不同程度的应用。根据不同霉形体的致病特点和血清学方法的特异性、敏感性和可操作性的不同,常用于不同羊霉形体所致疾病的血清学诊断方法各有不同。目前,我国对各种羊霉形体病的诊断还没有相关规程或标准,但国内外文献中常可见针对不同霉形体的各种血清学诊断方法的报道。本节介绍一些比较常用的诊断方法,并根据不同的霉形体种类和特点有侧重地分别进行了详细介绍。

### 一、无乳霉形体、山羊霉形体山羊亚种和丝状霉形体丝状亚种大菌落型

无乳霉形体、山羊霉形体山羊亚种和丝状霉形体丝状亚种大菌落型均是传染性无乳症的病原,常用的血清学诊断方法相似,主要包括补体结合试验、酶联免疫吸附试验和免疫印

迹试验。

**(一)补体结合试验** Perreau 等报道了一种标准的检测无乳霉形体的补体结合试验(CFT),也可以用于检测引起传染性无乳症的其他霉形体。洗过的菌体经比浊法标准化后,用超声波或十二烷基硫酸钠裂解,然后透析即制成抗原。待检血清 60℃ 灭活 1 小时。试验在微量滴定板上进行,在低温条件下过夜固定或 37℃ 固定 3 小时。然后加入溶血系统,当抗原对照孔完成溶血后判读结果。对于无乳霉形体、山羊霉形体山羊亚种和丝状霉形体丝状亚种而言,当血清在 1:40 稀释或更大倍数稀释时若完全结合,即可判为阳性。补体结合试验是检测群体的方法。每一羊群至少检查 10 份血清,最好有来自急性期和恢复期病例的血清。

在补体结合试验中,健康羊群中有些血清稀释到 1:20 时,能与无乳霉形体抗原反应,但很少与其他两种抗原反应,然而在无乳霉形体感染的羊群中,1:80 稀释后出现同源性反应的血清,在阳性临界值 1:40 稀释时,可能与其他两种抗原发生交叉反应。如果检测用的血清质量差,做补体结合试验通常就很困难,若有可能,用酶联免疫吸附试验则更好。

**(二)酶联免疫吸附试验** 据报道,用超声裂解的或吐温-20 处理的抗原比用补体结合试验检测无乳霉形体抗体更敏感。可以用单抗或 G 蛋白结合物来克服酶联免疫吸附试验中的非特异问题。使用这些结合物可以检测很多哺乳类动物包括骆驼的血清。已经有很多商品化的酶联免疫吸附试验试剂盒可供选用,在法国和英国,这些试剂盒已经用于大规模的检测。

**(三)免疫印迹试验** 据报道,免疫印迹试验是检测引起传染性牛胸膜肺炎的丝状霉形体丝状亚种最敏感和最特异的方法,也有报道用免疫印迹试验来检测无乳霉形体。用含抗无乳霉形体抗体的血清可以显示出大约 80kDa 和 55kDa 的明显条带,而用健康羊群的血清无条带显示或只有不同程度但非常弱的条带显示。将血清做 1∶50 的稀释可以区分阳性血清和阴性血清。

## 二、山羊霉形体山羊肺炎亚种

检测山羊和绵羊胸膜肺炎暴发病因还没有广泛应用血清学方法。丝状霉形体丝状亚种大菌落型和丝状霉形体山羊亚种可使一些外表明显健康动物呈地方流行性感染。山羊在实验条件下,对丝状霉形体血清转阳,而无病症。急性山羊霉形体山羊肺炎亚种病例很少在死亡前出现血清阳性滴度,可能是由于抗体被循环抗原遮蔽。人工感染山羊霉形体山羊肺炎动物,用补体结合试验和间接血凝试验观察血清转阳,开始出现于有临床症状后 7~9 天,22~30 天达最高峰,然后急剧下降。这表明血清学试验适用于群体检查,而不能作为个体诊断依据。有条件时,应隔 3~8 周采取 2 份血清进行检测。

(一)补体结合试验　各种形式的补体结合试验是诊断牛传染性胸膜肺炎应用最广的方法。用补体结合试验检测山羊霉形体山羊肺炎亚种感染,比间接血凝试验检测特异性高,而敏感性差。这项试验的主要缺点是需要有高水平的技术人员进行操作。

**1. 准备抗原**　取每毫升含有 $10^9$ CFU 以上的培养物 2 升,在 4℃下以 17 000 转/分离心 1 小时,沉淀物用生理盐水悬浮,如上洗涤 3 次后,按 0.5~1 毫升分装,-20℃保存。

**2. 检测方法**　微量滴定板补体结合试验是在 U 型底微量滴定板上进行的,各成分用 0.025 毫升容量,含 3 个平均溶血量的补体和 1.5%(V/V)最终浓度的绵羊红细胞。①将以下各成分混合,并于 37℃孵育 45 分钟。25 微升倍比稀释的待试血清(56℃灭活 30 分钟),从 1∶2 开始稀释,25 微升抗原(稀释度需用已知阳性血清棋盘滴定),25 微升补体(3 个溶血单位)。②加最终浓度为 1.5%(V/V)的致敏绵羊红细胞 25 微升,经混合后,置 37℃孵育 45 分钟。③将平板置 4℃孵育 1 小时,沉淀未溶解的红细胞。④判读结果,判定滴度,即 50%补体结合(溶血)的最高血清稀释度。

**3. 对照** 整个试验过程中需设一系列对照。①单纯指示系统(绵羊红细胞+溶血素),应保证绵羊红细胞不发生自溶。②指示系统和补体,说明用足量补体使绵羊红细胞溶解。③指示系统加抗原而不加补体,说明仅有抗原不引起溶血。④指示系统加血清,不加补体,说明仅加血清不能溶血。⑤指示系统加补体和抗原,以测定抗原有无抗补体活性。⑥指示系统加补体和血清,以测定血清有无补体活性。

**(二)间接血凝试验** 本试验最常用新鲜的经鞣酸化或经戊二醛处理的红细胞。前者较敏感,但重复性较差,而且每次试验都要用抗原致敏红细胞。后者敏感性低,但十分适用,因其致敏细胞在冰箱保存 1 年以上有效,试验前不需再处理。

已经有人用兔高免血清和经轻微超声波裂解的霉形体菌体悬液致敏的戊二醛处理的红细胞,对间接血凝试验检测丝状霉形体簇的特异性进行了评价。丝状霉形体丝状亚种大菌落型和山羊霉形体山羊肺炎亚种致敏细胞与丝状霉形体簇其他三种霉形体抗血清有交叉反应,但丝状霉形体山羊亚种和山羊霉形体山羊亚种致敏细胞只与山羊霉形体山羊肺炎亚种抗血清有交叉反应。

已经发现山羊霉形体山羊肺炎亚种产生的多糖结合于未

处理的山羊红细胞,并被成功地应用于本试验,用于鉴别试验感染和自然感染的山羊传染性胸膜肺炎病羊。

阿曼和苏丹都曾把 4 种主要山羊霉形体致敏细胞,用于野外试验,两个国家的调查结果不一样。在阿曼,丝状霉形体山羊亚种血清阳性分布广泛,而对山羊霉形体山羊亚种阳性反应主要局限于那些用培养方法证实有该亚种存在的羊群。相反,在苏丹具有山羊传染性胸膜肺炎症状的病例对丝状霉形体丝状亚种大菌落型血清学阳性,比对其他任何霉形体试验都高,仅有 7％对山羊霉形体山羊亚种抗原反应。两地检查都有一部分羊对 2 种或以上的抗原呈阳性反应。

**(三)乳胶凝集试验**　用山羊霉形体山羊肺炎亚种产生并存在于培养物上清液中的多糖致敏乳胶微粒,已用于玻片凝集试验。在肯尼亚,这种试验现已作为常规方法,在大规模发病时该方法更为有用,因为它只用 1 滴全血就可以进行检测。

补体结合试验和间接血凝试验作为山羊传染性胸膜肺炎血清学诊断的结果存在其固有的缺点,即用全细胞和细胞膜作为抗原。应用更特异的抗原,如山羊霉形体山羊肺炎亚种分泌的多糖,与其他三种主要的山羊霉形体血清不发生交叉反应,则具有更高的特异性。

**(四)竞争酶联免疫吸附试验**　该试验依赖于山羊霉形体山羊肺炎亚种抗原表位单克隆抗体的特异性以及患病羊产生针对该表位抗体的能力。特异性单抗与患病羊产生的抗体与包被在平板上的抗原表位竞争结合。据报道,该试验特别用于感染之后长期抗体的检测,但是和其他血清试验相比,它不能检出所有阳性反应者(在一个感染的羊群中检出率为 30％～60％)。竞争酶联免疫吸附试验比补体结合试验操作简单,适用于一次检出多个样品,它适合于流行病学的调查。现在还在对这个方法进行评价。

# 三、丝状霉形体山羊亚种和绵羊肺炎霉形体

检测丝状霉形体山羊亚种的血清学方法主要包括微量直接补体结合试验、间接血凝试验和酶联免疫吸附试验。绵羊肺炎霉形体的检测方法常用间接血凝和酶联免疫吸附试验，在这两种方法中除所用的抗原不同以外，检测方法和结果判定方法均相同。

## (一)直接补体结合试验(微量法)

**1. 材料准备**

(1)器材　康氏管、试管架、水浴箱、U 型 96 孔(8 孔×12孔)微量滴定板。

(2)稀释液　巴比妥缓冲液(VBD)，配制方法如下。①贮藏缓冲液的配制。将下列试剂按次序加入 2 000 毫升的容器中：氯化钠 83 克，蒸馏水 500 毫升，巴比妥钠 10.19 克，1摩/升氯化镁溶液 5 毫升，0.3 摩/升氯化钙溶液 5 毫升，蒸馏水加至 1 970 毫升，再加入 1 摩/升盐酸 20～30 毫升，混匀，取样用蒸馏水做 1∶5 稀释，检查 pH 为 7.2～7.3，然后置于低温下冻存。②明胶水溶液的配制。将 1 克明胶加入 100 毫升蒸馏水中，煮沸溶解。用蒸馏水稀释到 800 毫升，4℃冰箱内保存供 1 周内使用。③巴比妥缓冲液的配制。将 1 体积的①液加到 4 体积②液中，摇匀置冰箱保存，供当日使用。

(3)1.5%绵羊红细胞悬液　无菌采集脱纤绵羊血，经 2 层纱布过滤后，用巴比妥缓冲液洗涤 3 次，按 2 000 转/分离心 10分钟，最后用巴比妥缓冲液将红细胞泥配成 1.5%悬液。

另外，还需准备抗原、标准阳性血清、阴性血清、溶血素。

**2. 测定抗原、血清效价**　①取 80 支试管，排成纵横各 9

排的方阵(第九排缺 1 管)。②抗原和阳性血清分别从 1：8～1：256 做倍比稀释,阴性血清做 1：4 稀释,设抗原、血清、巴比妥缓冲液对照。③按表 5-5 加阳性血清,每个稀释度加 7 管 0.25 毫升,抗原对照组第一排不加血清,而用巴比妥缓冲液代替。④再按表 5-5 加抗原,每个稀释度加 7 管 0.25 毫升,血清对照组第一排不加抗原,而用巴比妥缓冲液代替。⑤每管中加入 2 单位补体 0.5 毫升。混匀,37℃水浴 30 分钟。⑥每管中加入 2 单位溶血素 0.25 毫升。⑦每管中加入 1.5% 红细胞 0.5 毫升。混匀,37℃水浴 30 分钟。⑧效价判定:能与最高稀释度的阳性血清呈现完全抑制溶血(＋＋＋＋＋)反应的最高抗原稀释度,即为抗原效价(1 个工作量)。如表 5-5 所示,抗原效价为 1：128,阳性血清效价为 1：256(1 个工作量)。

表 5-5　抗原、阳性血清效价测定　(单位:毫升)

| 成　分 | 抗 原 稀 释 | | | | | | 抗原 |
| | 1：8 | 1：16 | 1：32 | 1：64 | 1：128 | 1：256 | 对照 |
|---|---|---|---|---|---|---|---|
| 1：8 阳性血清 | 0.25 | 0.25 | 0.25 | 0.25 | 0.25 | 0.25 | — |
| 1：16 阳性血清 | 0.25 | 0.25 | 0.25 | 0.25 | 0.25 | 0.25 | — |
| 1：32 阳性血清 | 0.25 | 0.25 | 0.25 | 0.25 | 0.25 | 0.25 | — |
| 1：64 阳性血清 | 0.25 | 0.25 | 0.25 | 0.25 | 0.25 | 0.25 | — |
| 1：128 阳性血清 | 0.25 | 0.25 | 0.25 | 0.25 | 0.25 | 0.25 | — |
| 1：256 阳性血清 | 0.25 | 0.25 | 0.25 | 0.25 | 0.25 | 0.25 | — |
| 1：4 阴性血清 | 0.25 | 0.25 | 0.25 | 0.25 | 0.25 | 0.25 | — |
| 2 单位补体 | 0.5 | 0.5 | 0.5 | 0.5 | 0.5 | 0.5 | 0.5 |
| 巴比妥缓冲液 | | | | | | | 0.5 |
| 混匀,37℃水浴 30 分钟 | | | | | | | |
| 2 单位溶血素 | 0.25 | 0.25 | 0.25 | 0.25 | 0.25 | 0.25 | 0.25 |
| 1.5% 红细胞 | 0.5 | 0.5 | 0.5 | 0.5 | 0.5 | 0.5 | 0.5 |

| 成　分 | 抗原稀释 | | | | | | 抗原对照 |
|---|---|---|---|---|---|---|---|
| | 1：8 | 1：16 | 1：32 | 1：64 | 1：128 | 1：256 | |
| 混匀,37℃水浴30分钟 | | | | | | | |
| 1：8 阳性血清 | +++++ | +++++ | +++++ | +++++ | +++++ | +++ | — |
| 1：16 阳性血清 | +++++ | +++++ | +++++ | +++++ | +++++ | +++ | — |
| 1：32 阳性血清 | +++++ | +++++ | +++++ | +++++ | +++++ | +++ | — |
| 1：64 阳性血清 | +++++ | +++++ | +++++ | +++++ | +++++ | ++ | — |
| 1：128 阳性血清 | +++++ | +++++ | +++++ | +++++ | +++ | + | — |
| 1：256 阳性血清 | +++++ | +++++ | +++++ | ++ | + | — | — |
| 1：4 阴性血清 | — | | | | | | |

**3. 溶血素效价滴定**　①先将溶血素用巴比妥缓冲液做 1：100 稀释(取 0.2 毫升含等量甘油的溶血素,加 9.8 毫升巴比妥缓冲液),按表 5-6 稀释成不同倍数。②再按表 5-7 操作,测定溶血素效价。③能使 0.25 毫升的红细胞液完全溶血的溶血素最小量(最高稀释倍数)称为 1 个单位。如表 5-7 所示第八管完全溶血,而对照管都没有溶血现象,则该批溶血素的效价即为 1：4 000,使用 2 单位溶血素则为 1：2 000。

**表 5-6　溶血素稀释法**　(单位:毫升)

| 试管号 | 1 | 2 | 3 | 4 | 5 | 6 | 7 | 8 | 9 | 10 |
|---|---|---|---|---|---|---|---|---|---|---|
| 稀释度 | 1：500 | 1：1000 | 1：1500 | 1：2000 | 1：2500 | 1：3000 | 1：3500 | 1：4000 | 1：4500 | 1：5000 |
| 1：100 溶血素 | 0.1 | 0.1 | 0.1 | 0.1 | 0.1 | 0.1 | 0.1 | 0.1 | 0.1 | 0.1 |
| 巴比妥缓冲液 | 0.4 | 0.9 | 1.4 | 1.9 | 2.4 | 2.9 | 3.4 | 3.7 | 4.4 | 4.9 |
| 总　量 | 0.5 | 1 | 1.5 | 2 | 2.5 | 3 | 3.8 | 3.8 | 4.5 | 5 |

**表 5-7　溶血素效价测定**（单位：毫升）

| 试管号 | 1 | 2 | 3 | 4 | 5 | 6 | 7 | 8 | 9 | 10 | 对照（补体） | 对照（1:100溶血素、1.5%红细胞） |
|---|---|---|---|---|---|---|---|---|---|---|---|---|
| 溶血素稀释度 | 1:500 | 1:1000 | 1:1500 | 1:2000 | 1:2500 | 1:3000 | 1:3500 | 1:4000 | 1:4500 | 1:5000 | — | 1:100 |
| 溶血素用量 | 0.25 | 0.25 | 0.25 | 0.25 | 0.25 | 0.25 | 0.25 | 0.25 | 0.25 | 0.25 | 0 | 0.25 |
| 1:20补体 | 0.25 | 0.25 | 0.25 | 0.25 | 0.25 | 0.25 | 0.25 | 0.25 | 0.25 | 0.25 | 0.25 | 0.25 |
| 1.5%红细胞 | 0.25 | 0.25 | 0.25 | 0.25 | 0.25 | 0.25 | 0.25 | 0.25 | 0.25 | 0.25 | 0.25 | 0.25 |
| 巴比妥缓冲液 | 0.5 | 0.5 | 0.5 | 0.5 | 0.5 | 0.5 | 0.5 | 0.5 | 0.5 | 0.5 | 0.5 | 0.5 |
| | | | | | 混匀，37℃水浴30分钟 | | | | | | | |
| 结果判定 | —<br>全溶血 | —<br>全溶血 | —<br>全溶血 | —<br>全溶血 | —<br>全溶血 | —<br>全溶血 | —<br>全溶血 | —<br>全溶血 | +<br>75%溶血 | ++<br>50%溶血 | ++++<br>全不溶血 | —<br>全溶血 |

# 4. 补体效价测定

商品补体按说明书使用和保存,试验前对供试补体需进行效价滴定。①补体用巴比妥缓冲液做10倍稀释。②阴、阳性血清,做1:4稀释,56℃水浴灭活30分钟。③测定时放4列试管,2列阴性血清(1列加抗原,1列不加抗原,以巴比妥缓冲液补足其量)、2列阳性血清(1列加抗原,1列不加抗原,以巴比妥缓冲液补足其量),以阳性血清加抗原为例,按表5-8操作。

表5-8 补体效价测定 (单位:毫升)

| 成 分 | 管 号 | | | | | | | | | | | |
|---|---|---|---|---|---|---|---|---|---|---|---|---|
| | 1 | 2 | 3 | 4 | 5 | 6 | 7 | 8 | 9 | 10 | 11 | 12 |
| 10×补体 | 0.05 | 0.06 | 0.07 | 0.08 | 0.09 | 0.10 | 0.11 | 0.12 | 0.13 | 0.25 | — | — |
| 巴比妥缓冲液 | 0.20 | 0.19 | 0.18 | 0.17 | 0.16 | 0.15 | 0.14 | 0.13 | 0.12 | 0.75 | 0.75 | 1.00 |
| 抗原(工作量) | 0.25 | 0.25 | 0.25 | 0.25 | 0.25 | 0.25 | 0.25 | 0.25 | 0.25 | — | — | — |
| 4×阳性血清 | 0.25 | 0.25 | 0.25 | 0.25 | 0.25 | 0.25 | 0.25 | 0.25 | 0.25 | — | — | — |
| 4×阴性血清 | — | — | — | — | — | — | — | — | — | — | — | — |
| 混匀,37℃水浴30分钟 | | | | | | | | | | | | |
| 2单位溶血素 | 0.25 | 0.25 | 0.25 | 0.25 | 0.25 | 0.25 | 0.25 | 0.25 | 0.25 | — | 0.25 | |
| 1.5%红细胞 | 0.25 | 0.25 | 0.25 | 0.25 | 0.25 | 0.25 | 0.25 | 0.25 | 0.25 | 0.25 | 0.25 | 0.25 |
| 混匀,37℃水浴30分钟 | | | | | | | | | | | | |
| 结果 阳性血清加抗原 | + | + | + | + | + | + | + | + | + | + | + | + |
| 阳性血清未加抗原 | + | ± | ± | ± | ± | — | — | — | — | — | — | — |
| 阴性血清加抗原 | + | ± | ± | ± | ± | — | — | — | — | — | — | — |
| 阴性血清未加抗原 | + | ± | ± | ± | ± | — | — | — | — | — | — | — |

在2单位溶血素存在的情况下,可使阳性血清加抗原的试管中完全不溶血,而在阳性血清未加抗原的试管和阴性血

清无论有无抗原的试管中发生完全溶血,所需最小补体量就是补体工作量。10倍稀释的补体0.1毫升即为工作量,按下式计算原补体在使用时应稀释的倍数。

$$原补体应稀释倍数 = \frac{补体稀释倍数}{测得效价} \times 使用时每管加入量 \cdots\cdots\cdots(N1)$$

按上列公式计算:$\frac{10}{0.1} \times 0.25 = 25$

即此批补体应做25倍稀释每管加0.25毫升即为工作量补体或1个补体单位。

**5. 标准溶血管的制备** 为了正确判定溶血程度,可以利用试验中完全溶血的溶液混合,作为溶血溶液。按表5-9配制。

表5-9 溶血度标准比色管配制法及比较判定结果标准 (单位:毫升)

| 试管号 | 1 | 2 | 3 | 4 | 5 | 6 | 7 | 8 | 9 | 10 | 11 |
|---|---|---|---|---|---|---|---|---|---|---|---|
| 溶血溶液 | | 0.125 | 0.25 | 0.375 | 0.5 | 0.625 | 0.75 | 0.875 | 1.0 | 1.125 | 1.25 |
| 1.5%红细胞 | 0.25 | 0.225 | 0.20 | 0.175 | 0.15 | 0.125 | 0.10 | 0.075 | 0.05 | 0.025 | — |
| 巴比妥缓冲液 | 1.0 | 0.90 | 0.80 | 0.70 | 0.60 | 0.50 | 0.40 | 0.30 | 0.20 | 0.10 | — |
| 溶血/% | 0 | 10 | 20 | 30 | 40 | 50 | 60 | 70 | 80 | 90 | 100 |
| 判定符号 | ++++ | ++++ | +++ | +++ | +++ | +++ | ++ | ++ | + | — | — |
| 判定标准 | 阳 | | | 性 | | | 疑 | 似 | 阴 | | 性 |

**6. 检测方法** ①被检血清、标准阳性血清均用灭菌巴比妥缓冲液做倍比稀释、阴性血清做1:4稀释于56℃水浴锅中灭活30分钟。②每份被检血清加6孔,每孔加入倍比稀释灭活血清25微升。③每孔加工作量抗原25微升,每孔加入2单位补体50微升。摇匀,置37℃孵育45分钟。④每孔加入2单位溶血素25微升。每孔加入1.5%红细胞悬液50微

升。摇匀，置 37℃ 孵育 45 分钟。⑤设标准阴、阳性血清、补体(包括抗原、巴比妥缓冲液)以及红细胞对照。⑥将平板置 4℃ 孵育 1 小时，沉淀未溶解的红细胞。主试验操作程序、各要素加入量见表 5-10。

表 5-10　主试验操作程序　(单位：微升)

| 成分 | 被检血清 | | | | | | 对照 | | | | 红细胞对照 |
|---|---|---|---|---|---|---|---|---|---|---|---|
| | 试验孔 | | | | | | 阳性血清 | 阴性血清 | 抗原 | 巴比妥缓冲液 | |
| | 1:2 | 1:4 | 1:8 | 1:16 | 1:32 | 1:64 | 2工作量 | 1:4 | 2工作量 | | |
| 血清 | 25 | 25 | 25 | 25 | 25 | 25 | 25 | 25 | 25 | 25 | 75 |
| 工作量抗原 | 25 | 25 | 25 | 25 | 25 | 25 | 25 | 25 | — | | |
| 巴比妥缓冲液 | 25 | 25 | 25 | 25 | 25 | 25 | 25 | 25 | | | |
| 2单位补体 | 50 | 50 | 50 | 50 | 50 | 50 | 50 | 50 | 50 | 50 | |
| 摇匀，置 37℃ 孵育 45 分钟 | | | | | | | | | | | |
| 2单位溶血素 | 25 | 25 | 25 | 25 | 25 | 25 | 25 | 25 | 25 | 25 | 25 |
| 1.5%红细胞 | 50 | 50 | 50 | 50 | 50 | 50 | 50 | 50 | 50 | 50 | 50 |
| 摇匀，置 37℃ 孵育 45 分钟 | | | | | | | | | | | |
| 结果 | +++++ | ++++ | +++ | ++ | + | − | ++++ | − | − | − | − |
| (比色判定) | 全不溶血 | 全不溶血 | 25%溶血 | 50%溶血 | 75%溶血 | 全溶血 | 全不溶血 | 全溶血 | 全溶血 | 全溶血 | 全溶血 |

**7. 结果判定**　①初判。试验完毕后取出立即进行 1 次判定。对照板中阳性血清加抗原应完全抑制溶血"＋＋＋＋"，其他对照板完全溶血，证明试验操作中无误。被检血清对照板发生不完全溶血或完全抑制溶血时，此份血清应复试。若本试验板完全溶血则判为阴性，如不完全溶血或完全抑制溶血时放室温冷暗处静置 12 小时进行第二次判定。②终判。将被检血清管与溶血度标准比色管比较上清液色调和红细胞

沉积量,以决定溶血程度而做最终判定。③溶血程度的判定标准。被检血清 1:8 稀释,0～50%溶血为阳性(＋);被检血清 1:8 稀释,60%～80%溶血为可疑(±);被检血清 1:8 稀释,90%～100%溶血为阴性(－)。④可疑应重检,若仍为可疑判为阳性。

**(二)间接血凝试验**

**1. 材料准备**

(1)器材　96 孔(8 孔×12 孔)V 型(110°)聚苯乙烯滴定板,25 微升、50 微升微量移液器或稀释棒,微量振荡器,水浴箱等。

(2)稀释液　0.15 摩/升、pH 6.4 的磷酸盐缓冲液和含1%灭活健康兔血清 0.15 摩/升、pH 7.2 的磷酸盐缓冲液。①0.15 摩/升、pH 6.4 的磷酸盐缓冲液配制。磷酸氢二钠8.68 克,磷酸二氢钾 6.92 克,氯化钠 4.25 克,蒸馏水加至1 000毫升。103.41 千帕 30 分钟灭菌。②0.15 摩/升、pH 7.2 磷酸盐缓冲液配制。磷酸氢二钠 19.34 克,磷酸二氢钾2.86 克,氯化钠 4.25 克,蒸馏水加至 1 000 毫升,103.41 千帕 30 分钟灭菌。

(3)健康兔血清　在 56℃水浴灭活 30 分钟。

(4)纯化灭活抗原制备　丝状霉形体山羊亚种模式株PG₃ 或绵羊肺炎霉形体模式株 Y98 纯化灭活抗原的制备。取 $10^9$CFU/毫升以上菌落的培养物 2 升,向菌液中加入 10%甲醛溶液,使其终浓度为 0.2%,随加随摇,使其充分混合,置37℃灭活 12 小时(以瓶内温度达 37℃开始计时),期间振摇3～4 次。对检验合格的抗原,在 4℃下以 12 000 转/分离心 1小时,沉淀物用 0.15 摩/升、pH 6.4 磷酸盐缓冲液再悬浮,如上洗涤 3 次后,配成 20 倍浓缩抗原,在冰浴条件下用低频率超声波间歇裂解 30 分钟,裂解物以 1 250 转/分离心 30 分钟以除去全部残屑,收集上清液即为间接血凝试验致敏用抗原。

(5)抗原敏化红细胞的制备 ①5％红细胞悬液的配制。颈静脉无菌采取健康成年雄性绵羊血液置于灭菌的装有玻璃珠的三角烧瓶中,均匀摇动脱去纤维蛋白,按 1∶1(Ⅴ/Ⅴ)加入红细胞保存液,混匀后分装于灭菌链霉素瓶中(5～10 毫升),2℃～8℃冰箱可保存 2 个月。使用时,将红细胞移入离心管,3 000 转/分离心 30 分钟,弃上清液,沉淀物用 0.15 摩/升、pH 为 7.2 的磷酸盐缓冲液再悬浮,如上洗涤 4 次,配成 5％红细胞悬液。②红细胞保存液配方。葡萄糖 20.5 克,氯化钠 4.2 克,柠檬酸三钠 8 克,柠檬酸 0.55 克,蒸馏水加至 1 000毫升,101.8 千帕高压蒸汽灭菌 20 分钟,备用。③戊二醛化。取 5％红细胞悬液与 2℃～8℃保存的 2.5％戊二醛按 5∶1混合,置磁力搅拌器上于室温下搅拌醛化 2 小时,以 3 000转/分离心 5 分钟,弃上清液,沉淀物用 0.15 摩/升、pH 为 7.2 的磷酸盐缓缓冲液再悬浮,如上洗涤 3 次,配成 5％的醛化红细胞悬液,加 0.01％的硫柳汞防腐,2℃～8℃冰箱保存备用。④鞣酸化。将 5％的醛化红细胞悬液与等量的新配 1∶20 000鞣酸溶液混合,置 37℃中水浴 30 分钟,以 3 000 转/分离心 5 分钟,弃上清液,沉淀物用 0.15 摩/升、pH 为 6.4 的磷酸盐缓冲液再悬浮,如上洗涤 3 次,配成 5％醛化-鞣酸化红细胞悬液。

(6)抗原致敏 分别取 1 份 5％醛化-鞣酸化红细胞与 1 份 PG3 或 Y98 抗原,在 37℃水浴中作用 30 分钟,其间不断搅拌,以 3 000 转/分离心 5 分钟沉积红细胞,用含 1％灭活健兔血清 0.15 摩/升、pH 为 7.2 的磷酸盐缓冲液再悬浮,如上洗涤 3 次,配成 10％致敏红细胞悬液。

（7）效价测定　用含 1% 灭活健兔血清 0.15 摩/升、pH 为 7.2 的磷酸盐缓冲液将抗原稀释成 1% 的诊断液，与标准阳性、阴性血清进行正向间接血凝试验。在阴性血清除第一孔允许存在前滞现象（＋），其余各孔均为（－），稀释液对照为（－）的前提下，阳性血清效价不低于 1：512，为合格。

（8）对照血清　标准阳性血清的血凝效价为 1：512～1024，标准阴性血清的血凝效价为 1：4。

（9）被检血清　应无溶血、无腐败，必要时可加入 0.01% 硫柳汞溶液防腐。试验前灭活。

**2. 检测方法**

（1）稀释被检血清　每份被检血清用 8 孔，从第一孔开始，至第八孔，每孔滴加稀释液 25 微升，用微量移液器或稀释棒吸（蘸）取被检血清 25 微升加入第一孔，充分混匀后再吸（蘸）取 25 微升加入第二孔……，依次做倍比连续稀释至第八孔（1：2，1：4，1：8……1：256），混匀后从第八孔弃去 25 微升。

（2）加敏化红细胞（抗原）　从第一孔开始，至第八孔，每孔滴加 1% 敏化红细胞 25 微升。

（3）设对照　在每块 V 型滴定板上做试验，要同时设立对照，即敏化红细胞空白对照 1 孔，阳性血清（1：64）加敏化红细胞对照 1 孔，阴性血清加敏化红细胞对照 1 孔。

（4）振荡　加敏化红细胞后将 V 型滴定板放在微量振荡器上振荡 1 分钟，置 37℃ 恒温箱 2 小时，判定结果。操作程序见表5-11。

**3. 结果判定**　①凝集程度的判定标准："＋＋＋＋"红细胞全部凝集，形成一层均匀膜，布满整个孔底；"＋＋＋"红细胞在孔底形成一层薄膜，面积比前者稍小；"＋＋"红细胞在孔底形成薄膜凝集，边缘松散或呈锯齿状；"＋"红细胞在孔底呈稀薄、散在、少量凝集,孔底有小圆点;"±"红细胞沉于孔底,但周围不光滑或中心有空斑;"－"红细胞完全沉于孔底,呈光滑的圆点。②加敏化红细胞后所设各项对照均成立,否则应重做。正确对照的结果应是抗原敏化红细胞应无自凝(－),阳性血清对照应100%凝集(＋＋＋＋),阴性血清对照应无凝集(－)。③结果判定标准:血凝效价1:8(＋＋)判为阳性。血凝效价1:4(＋＋)判为阴性。血凝效价介于两者之间判为可疑。

表 5-11　　间接红细胞凝集试验程序及判定结果举例　　(单位:微升)

| 成　分 | 被检血清稀释度 | | | | | | | | 各项对照 | | |
| | 1:2 | 1:4 | 1:8 | 1:16 | 1:32 | 1:64 | 1:128 | 1:256 | 敏化红细胞 | 阳性血清 1:64 | 阴性血清 1:4 |
| 稀释液 | 25 | 25 | 25 | 25 | 25 | 25 | 25 | 25 | 25 | | |
| 被检血清 | 25 | 25 | 25 | 25 | 25 | 25 | 25 | 25 | 弃去 25 | 25 | 25 |
| 敏化红细胞 | 25 | 25 | 25 | 25 | 25 | 25 | 25 | 25 | 25 | 25 | 25 |
| 微量振荡器上振荡1分钟,置37℃恒温箱2小时 | | | | | | | | | | | |
| 判定结果 | ++++ | ++++ | ++++ | ++++ | ++++ | +++ | +++ | ++ | － | ++++ | － |

注:表中所示被检血清的血凝效价为1:128

### (三)间接酶联免疫吸附试验

**1. 材料准备**

(1)材料　丝状霉形体山羊亚种 PG3 株或绵羊肺炎霉形

体 Y98 株纯化灭活抗原、兔抗羊 IgG 辣根过氧化物（HRP）标记物（HRP-IgG），以及标准阴、阳性血清、被检血清。

（2）试验溶液　①抗原包被液：0.05 摩/升、pH 为 9.6 的碳酸盐缓冲液，碳酸钠 1.95 克，碳酸氢钠 2.93 克，加双蒸水至 1000 毫升，4℃冰箱保存，限 1 周内使用，经 103.4 千帕灭菌 15 分钟后可长期使用；②冲洗液（0.01 摩/升、pH 为 7.4 的磷酸盐吐温 20 缓冲液）；磷酸氢二钠（含 12 个结晶水）2.9 克，磷酸二氢钾 0.2 克，氯化钾 0.2 克，氯化钠 8 克，加双蒸水至 1000 毫升，再加入 0.5 毫升吐温 20；③封闭液：冲洗液内加入 0.1％牛血清白蛋白即可；④血清稀释液：同③；⑤底物溶液：0.1 摩/升柠檬酸溶液 25 毫升，0.2 摩/升磷酸氢二钠 25 毫升，双蒸水 50 毫升。这 3 种溶液混合均匀即为 pH 为 5 的磷酸盐-柠檬酸缓冲液。取 100 毫升 pH 为 5 的磷酸盐-柠檬酸缓冲液，加入 40 毫克邻苯二胺，临用前加入 150 微升 30％过氧化氢即为底物液；⑥反应终止液：2 摩/升硫酸，取浓硫酸（纯度 98％）1 毫升加双蒸水 8 毫升即可。

**2. 检测方法**　①抗原包被：用抗原包被液，将 PG3 或 Y98 抗原稀释成 1 个单位的抗原，用微量加样器将稀释好的抗原加入到酶标板各孔内，每孔 50 微升，加盖后放 37℃吸附 2 小时，再转入 4℃冰箱放置 18～20 小时。②洗涤：甩掉酶标板孔内的抗原包被液，加入冲洗液，室温下浸泡 2 分钟，甩掉冲洗液，用吸水纸吸干并驱除孔内气泡。重新加入冲洗液，按同法洗涤 4 次。③封闭：每孔加 50 微升封闭液，加盖后放 37℃吸附 1 小时。④取出酶标板，将其甩干，用冲洗液洗涤 4 次。洗涤方法同②。⑤加入被检血清。被检血清先用血清稀释液做 1：60 倍稀释，每份血清加 2 孔，每孔 50 微升。⑥对照，每块酶标板均设标准阴、阳性血清和空白孔对照。血清稀释和加量与⑤相同,空白对照加血清稀释液 50 微升。⑦加样完毕后加盖置 37℃恒温箱内 1 小时。⑧取出酶标板,将其甩干,用冲洗液洗涤 4 次。⑨加酶标记的 IgG。HRP-IgG 标记物按标签上标记的效价稀释后使用,每孔内加入 50 微升。置 37℃恒温箱内 1 小时。⑩取出酶标板,将其甩干,用冲洗液洗涤 4 次。⑪加底物溶液。每孔加入新配制的底物溶液 50 微升,置 37℃避光反应 10~15 分钟。⑫终止反应:每孔加入终止液 50 微升。

**3. 结果判定** 在酶标仪 490 纳米波长处,测定酶标板的每孔光吸收值,求出每份被检血清 2 孔的平均光吸收值(S),除以同板标准阴性血清 2 孔的平均光吸收值(N),则得出每份被检血清的 S/N 值。每份血清 1:60 倍稀释的 S/N 值为 3 判为阳性,S/N 值为 2.5 为阴性,S/N 值介于 2.5 和 3 之间者为可疑。

# 第六章 羊霉形体病的预防和治疗

## 第一节 预防和扑灭羊霉形体病的措施

## 一、检 疫

对羊群进行检疫,一方面是为了及时检出患病羊只,查清疫情的程度和分布范围,掌握其流行规律和特点,并为制定对策提供依据。另一方面是为了杜绝传染病的输出和传入,保护洁净地区不受污染,以达到有计划地全面防治。家畜及其产品生产、经营单位必须按照《中华人民共和国动物防疫法》接受检疫检验,有关家畜及其产品的进出口检疫按照《中华人民共和国进出境动植物检疫法》的规定执行。此外,检疫既是针对传染源的措施之一,又是评价防治效果的重要方法。

在非疫区以检疫为主,稳定控制区以检疫净化为主,控制区和疫区实行检疫、扑杀和免疫相结合的综合防治措施。

羊霉形体病的检疫方法主要有运输检疫、市场检疫、港口检疫、屠宰检疫。

(一)运输检疫 羊霉形体病的传入,总是由于检疫不严,引进患病羊、带菌羊或运入被污染的动物产品饲料所引起。因此,应从非疫区(以县为单位)购置和调运羊只,如果必须从羊霉形体病疫区调运,就必须从无羊霉形体病的羊场购买出生于无羊霉形体病的羊群。如果是按照培养健康羔羊的方法在隔离环境中饲养的羊,也可作为购买的选择对象。调运羊只及其产品,尤其是跨县境调运时,应当有组织的在兽医部门的指导下进行严格检疫,不得私自交易和调运。货主必须分别持有动物运输检疫证明、动物产品检疫证明和运输工具消毒证明,运输单位和个人凭上述证明承运。

**1. 调出检疫** 也称产地检疫。羊只出售前,必须由当地动物防疫检疫机构或其委托单位实施产地检疫,并出具检疫证明,以保证出售的羊只无特定疫病。①非疫区羊群在出售或运输前,应就地隔离,并进行检疫。如检查后全部为阴性,允许调出产地。如检出阳性反应羊只,应将其隔离。其余羊只进行检查,直到全部为阴性反应时,方可运出。②疫区内无羊霉形体病的羊群,在外运前应做2次检查,待外运羊只全部为阴性时,允许运出产地。若检出阳性反应羊只,应将其隔离,其余羊只进行复检,直到全部为阴性,方可运出。③出生于羊霉形体病的羊群,但是按照规定在隔离环境中饲养的羔羊,在运出之前应做2次羊霉形体病检疫,2次检疫结果均为阴性,允许运出。

**2. 运输途中检疫** 要做到凭证运输,运输部门凭农牧部门的检疫证明或免疫证明承运,未经检疫或免疫的羊群一律不准外运。凡经铁路、公路、航空运输的羊只及其产品出县境时,凡未经检疫或与物证不符的,必须由县或县以上农牧部门的防疫检疫单位或车站、机场、港口和交通要道的检疫部门进行检疫。如经检疫确认或怀疑是病羊的,应就地隔离或按规定处理。羊只及其产品到站后,由检疫部门验证或复检。

**3. 调入检疫** 由外地调入羊只后,应通知当地兽医部门登记注册。调入后至少隔离饲养30天,并经2次检疫,其结果全部是阴性方可与当地健康羊只混群饲养。如果检出为阳性,应隔离,其余阴性羊只再做2次检查,全部阴性时可视为健康羊群。

### (二)市场检疫

**1. 凭证交易** 进入交易市场的羊只及其产品,应当具有当地农牧部门发给的检疫证明或免疫证明,凭证交易,做到一羊一证,不得相互借用。检疫或免疫证明应记录羊只的性别、种系、毛色等特征和检疫、免疫时间与检疫方法及结果。未经检疫或免疫的羊只,不准进入市场,如已进入交易市场,畜主应主动向检疫部门报告,检疫人员根据具体情况,进行补检或令其到指定的部门检疫。检出的阳性羊只不准进入交易市场,并按照规定就地处理。来自不同地方的羊只,应在交易市场的指定地点交易,不能彼此混杂在一起。未成交的羊只放回原饲养场地时,应进行隔离观察。交易市场买回的羊只,应按调入羊只的有关规定进行隔离检疫。

**2. 兽医监督** 在规模比较大的家畜及其产品交易市场,应该设立检疫监督机构,对进入检疫市场的各种羊只及其产品进行兽医监督。在农村、城镇的不定期交易场所,所在地区的动物防疫部门应该指派专人开展上述工作。动物防疫监督检疫机构对违禁动物、动物产品及有关物品做出的控制或无害化处理决定,当事人必须立即执行,拒不执行的,由做出决定的动物防疫监督检验机构申请人民法院强制执行。

### (三)港口检疫

口岸动植物检疫机关应该对进出口的羊只进行检疫,海关凭动植物检疫机关所签发的检疫证书或放行通知单放行。①羊只在装运前应在输出国的饲养农场或其他适宜地点根据协议中规定的检疫要求进行检疫。②装运羊只的车辆、轮船等运输工具,应当用消毒液消毒,不应与非出口羊只混装。运输中使用的干草、饲料等,应当是检疫机关所允许的同一批饲料,途中不准添加。③进口羊只到达口岸后,检疫机关应该立即进行现场检疫,主要是临床检查。不符合规定要求的羊只应予以隔离,并对其他羊只进行观察。在隔离过程中应避免与其他动物接触。④进出口羊只应该掌握严格的检疫标准。

**(四)屠宰检疫** 我国对牛、羊、猪、犬等实行定点屠宰、集中检疫。省、自治区、直辖市人民政府规定本行政区域内实行定点屠宰、集中检疫分动物种类和区域范围。具体屠宰地点由县、市人民政府组织有关部门研究决定。动物防疫监督机构对屠宰场屠宰的动物实行检疫,并加盖动物防疫监督机构同意使用的验讫印章。国务院畜牧兽医行政管理部门、商品流通行政管理部门协商确定范围内的屠宰场、肉类联合加工厂的屠宰检疫,按照国务院的有关规定办理,并依法进行监督。机关、单位、农民个人自宰自食的动物由省、自治区、直辖市人民政府制定管理办法。屠宰场、肉类联合加工厂生产的动物产品,由厂方实行检验检疫,但是必须得到农牧部门的委托证书,农牧部门有权进行监督检查。根据监督检查发现的问题,可以向厂方或上级主管部门提出建议或处理意见,并有权制止不符合检疫要求的畜产品出厂。农牧部门为执行监督检查任务,可在屠宰场派驻兽医人员。其他家畜屠宰、加工单位和个体户所屠宰的动物、加工的动物产品,由所在地农牧部门动物防疫监督机构或其委托的单位实施检疫检验。肉食品企业必须做好动物进仓检疫,随到随检。肉联厂、屠宰场动物必须做好宰前检疫,发现病畜要按规定处理。有条件的肉联厂、加工厂可以按加工工序设置检疫人员,每个岗位进行细致的专项检查;屠宰量大的检疫人员应随时到屠宰间随加工过程逐项检疫,以便随时发现问题,及时处理。动物产品出厂或上市销售时,货主必须携带检疫证明,动物胴体必须有动物防疫监督机构同意使用的验讫印章。

## 二、控制和消灭传染源

羊霉形体病的主要传染源是病羊,病羊可以通过多种途径向外排出病原菌,只要有病羊存在,其他羊只就存在威胁,并时刻有本病发生和流行的危险。因此,控制和消灭传染源是预防、控制和消灭疫病的综合措施中的重要内容。应该本着尽量减少病羊的数量、限制流动、避免与其他家畜相接触的原则,因地制宜地采取隔离饲养的方法处理病羊。

**(一)隔离的目的**　隔离病羊,对受威胁的羊群实施隔离,主要是为了控制传染源,避免病羊与健康羊接触,防止疫情的扩散和传播。

**(二)隔离的方法**　可以采取圈养和固定草场放牧 2 种方式隔离。应该结合本地具体情况选用。隔离的病羊要集中,圈养不要太分散,以减少与周围家畜的接触和对环境的污染。农区以圈养为主,以乡、村和自然屯等为单位建立病羊圈均可。病羊圈应该建立在村外,不要靠近交通要道,最好远离居民点和人、畜密集的地区,场地周围最好有自然屏障或人工围栏,以防健康羊进入或病羊跑出。牧区或半农半牧区,可以县、乡、场为单位,统一组建比较大的病羊群,划出一片草场,周围最好有自然屏障或人工围栏。

**(三)隔离区的卫生要求**

**1. 严格监督管理**　采取隔离方法管理病羊的地区和部门,应指派 1 名或几名兽医人员,对该项工作进行具体技术指导和监督。

**2. 圈场专用**　隔离病羊用的草场、水源、圈舍等要固定专用,不得与健康羊交替使用或混用。不准病羊进入周围的健康羊群和圈场,也不准健康羊进入隔离区内。

**3. 专人管理**　管理病羊的人员不准进入健康羊的圈舍,也不准管理健康羊的人员进入病羊隔离区内。

# 三、切断传播途径

传播途径是疫病发生和流行过程的一个重要环节,切断传播途径可以使流行过程不再继续进行。

**(一)防止经呼吸道感染**　经呼吸道感染是羊霉形体病的主要传播途径,病羊是主要的传染源,病肺组织和胸腔渗出液中含有大量病原体,病原体随呼吸道分泌物向外传播,传给另一个机体。耐过病羊肺组织内的病原体可在相当长时间内排毒,也是一种传染源,健康羊吸入空气中的病原体就会感染。因此,要注意以下两方面内容。

**1. 改善饲养管理**　必须做到羊场,特别是羊舍的全进全出饲养方式,只有这样才能够达到彻底冲洗消毒的目的。严格控制羊舍的环境温度、湿度,加强通风换气,保证羊群有非常高的抵抗力。羊舍的通风和保温应保持相对平衡,应该减少有害气体和温度降低对呼吸道抵抗力的影响。定期进行消毒,力争将环境中的病原体数量降到最低,减少疾病传播的机会。

**2. 营养合理**　不仅要保证饲料中不缺乏蛋白质、氨基酸等常规营养物质,而且要做到营养平衡,更不能缺乏任何一种维生素或微量元素,特别是维生素 A。因为维生素 A 是保证上皮组织完整性的维生素,如果缺乏,上皮完整性容易受到破坏,病原体相对容易入侵。其他维生素或微量元素的缺乏,有可能造成免疫系统的发育障碍。

**(二)防止由皮毛感染**　发病羊的皮毛也可传播疾病,因此一定要注意消毒,消毒皮毛的方法主要有以下几种。

**1. 化学药品消毒法** 用于皮毛消毒的化学药品必须具备 2 个条件,一是效果可靠,二是对皮毛没有损害。

**2. 环氧乙烷消毒法** 本品杀菌力强,穿透力大,腐蚀性小,效果确切,对皮毛没有损害。常用作熏蒸消毒,每立方米密封空间用 $300\sim400$ 克环氧乙烷,熏蒸 10 小时左右。消毒皮毛可以在消毒室、柜、锅和塑料袋内进行。本品低温条件下为液体,常温下容易挥发,遇明火爆炸,工作时温度要恒定在 15℃左右,如果加入 1:9 的二氧化碳或其他惰性气体,可以避免爆炸。

**3. 甲醛消毒法** 皮毛经碱水处理后,用 4% 甲醛溶液浸泡,加温 60℃,即可达到杀菌目的。也可以用密闭消毒室或消毒柜,利用熏蒸消毒皮毛。此外,还可以采用 3%～5% 来苏儿溶液浸泡皮毛或表面喷洒。

**4. 物理消毒法** 日光中的紫外线具有较强的杀菌能力,所以日晒是一种简便易行的消毒方法,消毒时应当将皮张摊开,不要堆放在一起,注意经常翻动。也可以应用钴 60 ($^{60}$Co)照射消毒。

**(三)防止经乳汁和排泄物感染** 由羊霉形体引起的乳房炎应采取以下措施:建立并健全乳房炎检验制度,防止病羊进入到羊群中传播;及时治疗临床型乳房炎病羊,及时检出病羊;加强饲养管理,羊舍保持干燥清洁,严格清除病原体,避免乳房外伤,防止饲养员用鞭抽打羊只,防止天气过冷冻伤乳房;在产羔前剪去乳房周围污毛,减少感染机会,有条件的可在羊临产前用消毒水清洗乳房;要防止羔羊不吃奶导致乳房肿胀引起的炎症;要适当挤奶,每次挤奶前,先用温和的消毒液清洗乳房和乳头,然后用毛巾擦干。每次挤奶后用消毒液浸泡乳头,以减少细菌感染;保持羊舍、运动场、饲槽、饮水池的清洁,定期消毒;每年至少修蹄 2 次,以防损伤乳房;淘汰慢性乳房炎病羊,以防止感染健康羊。对携带有病原体的排泄物要妥善处理,必须采取高温发酵等处理措施。

## 四、无羊霉形体病地区的预防措施

羊霉形体病的防治必须坚持"预防为主"的方针,为此要采取以下的预防措施。

**(一)加强饲养管理,坚持自繁自养** 羊场或养羊专业户应选择健康的良种公羊和母羊,自行繁殖,以提高羊的品质和生产性能,增强对疾病的抵抗力,并可减少入场检疫的劳务,防止因引入新羊带来病原体;一定要引入种羊时,必须隔离饲养 2 个月以上,经认真检查确为健康方可混群或配对;需要特别注意的是不能从疫区购买羊只;接种疫苗应提前于运羊前 15 天内完成;应注意羊舍的保温、防寒,同时要减少因环境突变而引起的羊体抵抗力下降;舍内的饲养密度也应适中,以减少气源性传染;在冬春枯草季节,羊只消瘦、营养缺乏以及寒冷潮湿、羊群拥挤等因素常诱发霉形体病的发生,如精氨酸霉形体和绵羊肺炎霉形体这两种病原体是上呼吸道的常住菌,在正常的肺中也经常分离到,在诱发因素作用下就会表现出它的致病力;耐过某些霉形体病的羊为长期带菌者和排菌者,因而有在长时间内散布病原的危险性,安全牧场在补充羊只时必须特别谨慎。

**(二)消毒** 消毒的目的是消灭传染源散播于外界环境中的病原微生物,切断传播途径,阻止疫病继续蔓延。羊场应建立切实可行的消毒制度,定期对羊舍(包括用具)、地面、土壤、粪便、污水、皮毛等进行消毒。

**(三)定期进行免疫接种** 在平时常发生某种传染病的地区或有某些传染潜在危险的地区，有计划地对健康羊群进行免疫接种，是预防和控制羊传染病的重要措施之一。免疫接种可激发动物机体对某种传染病发生特异性抵抗力，是使其从易感转为不易感的一种手段。

**(四)检疫** 检疫是应用各种诊断方法（临床的、实验室的），对羊及其产品进行疫病检查，并采取相应的措施，以防止疫病的发生和传播。为了做好检疫工作，必须有一定的检疫手续，以便在羊流通的各个环节中，做到层层检疫，环环扣紧，互相制约，从而杜绝疫病的传播蔓延。

## 五、羊霉形体病疫区的预防措施

发生传染病时应立即采取一系列紧急措施，并组织力量尽快将疫情扑灭在萌芽阶段，以防止扩大。兽医人员要立即报告有关部门，划定疫区，采取严格的隔离封锁措施。同时，要立即将病羊和健康羊隔离，不让它们有任何接触，以防健康羊受到传染，对于发病前与病羊有过接触的羊（可疑感染羊），也必须单独圈养，经过 20 天以上的观察不发病，才能与健康羊合群。如有出现症状的羊，则按病羊处理。对已隔离的病羊，要及时进行药物治疗。病羊尸体要焚烧或深埋，不得随意抛弃。对健康羊和可疑感染羊，要进行疫苗紧急接种或用药物进行预防性治疗。同时，要注意以下预防措施：禁止赶羊通过发病的牧场，禁止分群、交换、出售，禁止发病区集中动物活动（市场、展览等）。隔离病羊和可疑病羊，应由专人护理和治疗，工作人员必须穿工作服。在挤奶羊群内，为了防止扩大传染，挤奶员在挤奶前应用肥皂水洗手，并用消毒药液（如新洁尔灭溶液）擦洗羊的乳房。流产的胎儿与胎膜，必须迅速深埋。由羊群中隔离出病羊后,应将健康羊转移到新牧地,给以新的饮水处。羊的圈舍和病羊所在的其他地方,都应进行清扫,并用石炭酸、3％来苏儿、2％苛性碱、3％～5％漂白粉等溶液消毒。同时,必须消毒垫料和病羊排泄物。患眼型或关节型无乳症的病羊奶,在煮沸以后才准饮用。患有乳房炎症的病奶,须进行消毒或抛弃。被迫屠宰的病羊肉,须经仔细检查后方准利用,病羊的皮毛应用10％的新鲜石灰溶液消毒。在拉走最后1只病羊后经过60天,才准解除牧场和羊群内的一切限制。

# 第二节 羊霉形体病的预防接种与治疗

## 一、预防接种的意义

动物疫苗是由病原微生物、寄生虫以及其组分或代谢产物所制成,用于人工主动免疫的生物制品,包括用细菌、霉形体、螺旋体制成的菌苗,用病毒制成的疫苗和用细菌外毒素制成的类毒素。接种疫苗是刺激机体产生免疫应答,抵抗特定病原微生物(或寄生虫)的感染,使易感动物转化为不易感动物的一种手段。根据所用生物制剂的品种不同,采用皮下、皮内、肌内注射或点眼、滴鼻、喷雾、口服等不同的接种方法。接种后经一定时间,可获得数月至1年以上的免疫力。

疫苗接种是预防动物群发病的根本措施,应用动物生物技术针对动物疾病防治而发展起来的兽医生物制品,对于保障家畜、家禽和各类观赏动物的健康生长起着至关重要的作用,而且人兽共患病的品种还与人类健康有关,所以国内外对兽用生物制品的研究、生产和使用十分重视,长期以来,已发展成畜牧业的一种重要分支产业。疫苗在提高动物免疫水平的同时亦能增强机体抵抗不良刺激的能力，且符合环境无污染、食品无药残的理念，可有效预防流行病，并且克服了经常用药防治而对某些药物产生耐药性的弊病。此外，通过人工免疫以及对发病后有免疫力动物的筛选，可培育优良品种。

# 二、疫苗接种异常反应的处理

疫苗接种是动物计划免疫工程中的一项重要的，也是具体、细致的工作环节，对整个免疫工程的实施起着关键性的作用和决定性的影响。从专业技术的角度看，疫苗接种是激发动物机体产生特异性抵抗力，使易感动物转为不易感动物的一种手段。但是在疫苗接种时，经常出现正常反应外的其他不利于机体的反应，如废食、皮疹、休克、死亡等情况（即免疫应激）。广义的免疫应激又称免疫激发，也包括亚健康状态下动物受到的各种病原侵袭，甚至是病原菌的感染、创伤和内部肿瘤等引起的免疫应激。

## （一）疫苗接种异常反应的类型

**1. 疫苗接种的反应机制**　免疫反应是一种应激反应，是一种非常复杂的过程。在免疫反应中，由于机体的差别，免疫遗传与当时所处的内外环境等关系，在免疫接种中，往往出现正常反应，主要是由于生物制品的特异性而引起的反应，其性质与反应强度随生物制品而异，可引起全身反应与局部反应。也经常出现严重的变态反应，它和正常反应在性质上没有区别，但程度较重或发生的动物数超过正常比例。

**2. 异常反应的类型**

（1）局部反应　在接种部位出现红晕、浸润、肿胀和疼痛。

（2）全身反应　注射 4～24 小时后发生，引起动物减食、废食、体温升高、全身皮疹等情况。

（3）异常反应

①局部化脓性感染：由疫苗分装、安瓿破裂致使疫苗变性，或器材、注射部位消毒不严引起。

②全身性化脓感染：多数是由于不安全注射，导致动物高热和败血症等病症。

③无菌性化脓：多数由接种吸附剂疫苗引起，主要是由于注射部位不准确、过浅，剂量过大，疫苗使用前未充分摇匀所致。

（4）变态反应　①各类皮疹、荨麻疹。②过敏性休克，即注射后 1～2 分钟，羊只昏倒。③注射后，羊只全身发生严重的变态反应，引起羊只死亡，一般在 2～7 天死亡。

**（二）疫苗接种过程中出现异常反应原因的分析**

**1. 羊只体况正常情况下，接种疫苗引起的异常反应**

（1）疫苗因素　由于疫苗本身是菌蛋白、内毒素、DNA、RNA 及其他大分子物质，稀释液是生理盐水、铝胶盐水或油剂等，可以形成强烈的刺激，造成机体的生理功能障碍，可能引起局部的、全身的严重变态反应。

（2）环境因素　在疫苗接种过程中，环境与气候影响是很重要的。①周围环境是否有疫病传播，当地卫生状况如何，是否受到污染。②就小环境而言，羊只栏舍是否卫生、清洁、干燥、通风等，栏舍周围不可堆垃圾，不许污水积聚、流过，栏舍周围要安静，不许嘈杂。③在极端气候下接种疫苗可能造成极大的刺激，如严寒的冬季和炎热的夏天。

（3）饲养管理因素　①饲养过程中，饲料的品质、饲料的营养成分齐全与否。②饲养和管理不善，形成明显的强势群体与弱势群体，往往生长欠佳的个体易发生疫苗接种应激。

③羊只处于特殊情况下,在接种疫苗时可能出现问题。

**2. 疫苗接种时,可能遇到的情况**

一是当地出现疫情时,为了紧急扑灭该疫病,必须在疫点周围对羊只进行紧急免疫接种,在这时候,有些羊只处于被感染但未出现表征症状的潜伏期。

二是羊只处于亚健康状态,不容易观察出来,畜主也不知情。

三是羊只患有某些慢性疾病,但未察觉出来。

在上述情况下接种疫苗可能出现以下几种情况:①偶合症,是指疫苗接种前,动物处于疫苗所针对的疾病的潜伏期或前驱期,接种后刚好发病;或患有某些慢性传染病,但症状不明显。偶合症动物能明显地查出原发疾病而引起的有关症状或后遗症。②诱发症,是指动物患有某种疾病,但临床上不明显,接种疫苗后,上述疾病症状明显。③加重,是指原有慢性疾病,接种后立即加重或急性复发。

**3. 疫苗接种可能出现的事故**

(1)疫苗接种操作不当出现的事故　①器械消毒不到位、注射部位不消毒,或注射部位不准确,引起局部化脓性感染。②注射疫苗不按规定剂量,注射部位过浅,可能引起无菌接种化脓。如运动灵活的羊只,很多是采取追打或打"飞针",往往引起部位不准确、剂量不足、深浅不确定等诸多现象。

(2)疫苗的因素　①疫苗保管不当,不按照厂家的要求保管,特别是在防疫者手中,注射器里的疫苗往往处于阳光直射或高温之中,这种情况下,疫苗很容易变质,当然会出现各种问题。②疫苗安瓿破裂,疫苗封闭不严,疫苗变质,超过保质期等。

**(三)疫苗接种时出现异常反应应采取的措施**　注射后不

食,但羊只所处的环境栏舍清洁、卫生,注射部位未受污染,未发生全身反应和严重的变态的,经过1~2天,会自动好转。

注射后出现不食,全身性反应,变态反应如皮疹、荨麻疹,体温上升等症状,应用盐皮质激素、抗组胺药物和适量抗生素等治疗。

注射部位红肿、排脓的应用盐皮质激素加适量抗生素治疗。

注射后出现休克的羊只,应使用肾上腺素、尼可刹米、安钠咖等药物治疗。

在紧急免疫接种和羊只处于亚健康状态、疾病的潜伏期、羊只瘦弱、患慢性疾病的状态下,羊只可能出现偶合症、诱发症等症状,同时发生上述症状时,在对症治疗的基础上,应考虑使用疫苗接种异常反应的办法应对。

**(四)异常反应的预防措施**

**1. 减少致病原与羊只接触的机会**  为了缓解免疫应激,通常采用尽量减少致病原与羊只接触的机会,从而减少环境病原性或非病原性微生物对免疫系统的刺激,而对免疫应激导致的生长抑制也常通过抑制免疫反应来缓解。

**2. 加强饲养管理**  为确保羊只在免疫接种前健康无病,应加强饲养管理,做好疾病的防治工作,确保羊只在免疫接种前健康无病,减轻疫苗的应激反应。提高饲料营养水平,如在饲料中添加东北黄芪多糖,其中所含的 β 葡聚糖能够降低白细胞介素-1(IL-1)的释放,可以提高羊只食欲;在接种前后3~5天在饮水中添加抗生素和速溶多种维生素,可降低疫苗的应激反应。另外,营养调控缓解免疫应激一直是营养学家关注的问题,大量的试验表明,共轭亚油酸(CLA)是一种既可增强羊只免疫功能,同时又可降低炎性反应导致的诸如生长受阻等负效应的天然物质。

**3. 免疫前进行抗体检测** 当母源抗体水平较低或不整齐时,畜、禽的免疫反应就表现得较为严重,可发生较长时间的应激反应。而母源抗体水平较高、整齐一致时,免疫应激较小,但是母源抗体高时,疫苗能中和母源抗体,不能产生足够的保护率,所以免疫前有必要进行抗体检测,以确保最佳免疫日龄。

**4. 选择最佳的免疫途径** 相同的疫苗,免疫途径不同,应激反应的大小也不同。

### (五)注意事项

在羊只防疫接种工作中,一是学好各种疫苗接种操作技术,做到正确使用,同时要做好器械与注射部位的消毒,在正确的部位注射准确的份量,善待羊只,按照规定管理好疫苗,裂瓶、变质、过期的疫苗坚决不用。二是要注意羊只生存的环境,建议畜主搞好栏舍卫生、消毒、清洁等工作,使羊只生活在较好的环境中。三是搞好饲养工作,均衡喂养,使羊只保持健康。四是接种疫苗时,要认真检查羊只是否健康,主动询问畜主关于动物的饮食、行动状态,尽量减少由于疫苗接种引发的偶合症与诱发症。当然对患病羊只应积极帮助畜主做好治疗。在疫苗接种中出现不食、少食但没有全身反应的,1~2天后会自然好转。出现严重不食、全身反应、变态反应的,应积极治疗。

# 三、疫苗使用注意事项

疫苗的使用是预防和控制羊只疫病发生的重要手段,是规避动物疫病风险积极而有效的措施。然而,在实际生产中,由于养羊人员的专业水平参差不齐,疫苗使用缺乏规范性,免疫失败的现象经常发生,由此带来的经济损失也相当的可观,因此在使用疫苗时应注意以下几点。

（一）购买疫苗的注意事项　购买疫苗之前,首先要到当地的兽医相关部门(兽医院、有经验的兽医或养殖户)了解所养羊只的疫病流行规律、应使用疫苗的种类及当地国家指定的疫苗销售网点,然后根据自己的饲养数量确定所需疫苗的数量。选购疫苗时,首先要选购经农业部批准的具有较强经济实力和影响力的正规生物制品厂或公司生产的疫苗。在面对进口疫苗和国产疫苗时,当首选国产疫苗,因为进口疫苗在运输和保存过程中有太多的关口,难以掌控的不确定因素较多。在拿到疫苗时,首先要检查疫苗的包装是否规范,检查批准文号、生产日期、有效期和使用说明书。检查疫苗瓶有无破损、瓶口是否密封、瓶内有无异物、凝块、沉淀或变色等异常现象。阅读说明书,确定商家对疫苗的保存无误。购买疫苗后,一定要按照说明书的要求进行保存、运输和使用。付款后一定要索取购买凭证。

（二）保存疫苗的注意事项　疫苗从外观上可分为湿苗、油苗和冻干苗。湿苗应保存在干燥、通风和避光的阴凉处,避免冻结、高温和变质。通常在 8℃～15℃的条件下可保存 1年。油苗保存在 25℃以下的阴凉干燥处即可,25℃可保存 6个月,8℃可保存 1～2 年。冻干苗的保存温度越低越好,在－15℃～－18℃条件下可保存 6 个月。通常有条件的养羊户可将疫苗保存于冷库、冰箱或装有冰块的保温瓶、保温箱中。没有条件的养羊户,疫苗需要短暂保存时,可选择温度不超过15℃的阴凉处,比如,水井中、地窖、窑洞等地方。

（三）疫苗使用的注意事项　疫苗接种要按照比较成熟的免疫程序进行,同时在疫苗使用前,一定要观察羊只的健康状态,当羊只出现非正常状况时,一定要暂缓接种,在确认无疾病感染时方可进行疫苗免疫。

疫苗的免疫剂量要按照说明书规定的剂量,剂量过大会造成免疫麻痹,剂量过小达不到免疫效果,过大或过小都可能造成免疫失败。

疫苗瓶打开后必须 1 次用完,避免疫苗污染或失效。皮下或肌内注射时,一定要 1 个针头注射 1 只羊,避免 1 只针头注射多只羊,那样会导致疫病传播或交叉感染。

饮水免疫时不要使用金属容器,要使用无毒的塑料容器,因为金属容器可以使疫苗中的病毒灭活。饮水免疫时可加入适量的脱脂奶粉,可以延缓病毒的半衰期。通常 1 000 毫升饮水中加入 2.5 克即可。

羔羊最好不用基因疫苗,因为羔羊的免疫系统尚未发育完全,不能产生细胞免疫。另外,当母源抗体较高时不要使用弱毒疫苗,灭活苗和亚单位疫苗不要经口免疫。总之,在进行免疫时,一定要使用农业部确认的正规厂家生产的疫苗,并严格按照厂家提供的说明书,在有经验的兽医人员指导下使用,只有这样,才能收到预期的效果。

**(四)选择免疫途径的注意事项** 疫苗的免疫途径有滴鼻点眼、皮下或肌内注射(刺种)、拌料或饮水、喷雾。滴鼻点眼可以避免被母源抗体中和,可以产生良好的组织免疫,抗体效价较高,皮下或肌内注射(刺种)产生的抗体效价较高,但无组织免疫。比较适合免疫数量较少的群体。缺点是免疫的局部可能会出现坏死等现象,应激反应也较大。饮水免疫和气雾免疫比较适合大批量、大群体的免疫,应激反应较小。只是饮水免疫的效果较差,并且需要在免疫前限制饮水,免疫时有时间限制,时间过长疫苗会失效。气雾免疫效果较好,不仅会产生很好的组织免疫,而且抗体效价较高。不足之处是免疫剂量不足时不易达到预期效果。疫苗的免疫途径直接影响疫苗的免疫效果，每一种疫苗都有其最佳的免疫途径，因此在购买疫苗时一定要认真阅读生产厂家提供的使用说明书，只有这样，才能达到最佳的免疫效果。

## 四、霉形体的抵抗力

霉形体是介于细菌与病毒之间的微生物，结构复杂多样，没有细胞壁，对理化因素比较敏感，一般加热 45℃ 15～30 分钟，55℃ 5～15 分钟即被杀死。在半固体培养基中－20℃可保存 1 年或更久。在－26℃～－60℃中，含菌落的琼脂块可保存 1 年，加保护剂冻干可保存数年。

对常用浓度的重金属盐类、石炭酸、来苏儿等消毒剂均比较敏感，对表面活性物质洋地黄苷敏感，易被脂溶剂乙醚、氯仿等裂解，但对醋酸铊、结晶紫、亚硝酸钾等有较强的抵抗力。

对通过作用于细菌的细胞壁发挥杀菌作用的抗菌药物如 β 内酰胺类药物（青霉素类、头孢菌素类）有抵抗力。大环内酯类药物（红霉素、螺旋霉素、泰乐菌素）是通过抑制菌体蛋白的合成发挥杀菌作用的，用于治疗霉形体感染效果良好。抗生素对霉形体产生作用的原因在于它能阻碍 DNA、RNA 和蛋白质等的合成。但霉形体的种类不同，对抗菌药物的敏感性也有差异。用抗生素治疗霉形体病可以缓解临床症状，用药期间菌数减少，症状缓解，一旦停药，菌数又增多，不易根治，由此造成了内源性持续感染，尤其是集约化养羊场一旦受霉形体感染，则很难清除。

## 五、疫苗预防和药物治疗

### (一)无乳霉形体

#### 1. 疫苗预防

(1)灭活疫苗　无乳症霉形体的商品疫苗为甲醛灭活苗，在欧洲南部广泛应用，但认为效果不佳。实验室条件下，用皂苷或苯酚灭活的疫苗比用甲醛灭活的疫苗保护性强。大多数疫苗是用甲醛灭活后加入氢氧化铝等佐剂形成油型乳化剂，在灭活之前，疫苗中病原的滴度非常高($10^8$ CFU/毫升)，疫苗株来源于实验室病原菌株。

(2)组织疫苗　用感染羊的乳汁、脑和乳腺组织匀浆自己生产的疫苗在意大利部分地区已经使用了许多年。然而，由于在绵羊和山羊中暴发了严重的疾病，这些疫苗的使用不得不停止。

(3)弱毒疫苗　在土耳其，无乳霉形体弱毒疫苗已经使用了好多年。据报道，在母羊和羔羊上比用灭活苗的保护效果好。但弱毒活苗可以造成短暂的感染并散播霉形体。活苗不能用于泌乳动物，活苗免疫应该是区域性免疫计划的一部分，区域性免疫计划要求有可能相互接触的所有羊群同时免疫。

#### 2. 药物治疗

(1)全身治疗　①醋酰胺砷具有特效，可配成10％的溶液，每日 3 次，每次 0.1～0.2 克。②单用新胂凡纳明(又名九一四)或青霉素，或者新胂凡纳明与乌洛托品合用，静脉注射，具有良好效果。③用红霉素注射液 10～20 毫升、20％的乌洛托品 15～20 毫升或水杨酸钠 20～30 毫升，静脉注射，均可获得可靠的效果。④用四环素按每千克体重 5～10 毫克，溶于5％葡萄糖注射液 500 毫升中，静脉注射，每日 2 次，也可用其他抗生素和磺胺制剂。

（2）局部治疗

①乳房炎：用1％碘化钾水溶液10～20毫升做乳房内注射，每日1次，4天为1个疗程，或用0.02％呋喃西林反复洗涤乳房后，用青霉素80万～160万单位和链霉素100万单位溶于100毫升0.25％盐酸普鲁卡因溶液，在挤净乳汁或炎性蓄积物质后，借助于导乳管经乳头注入，然后按摩乳头基部和乳房，每日2次，连用2～4天。另外，对奶山羊还要注意以下几点：首先应减少日粮中的精饲料和多汁料，限制饮水，使乳房减少泌乳。其次，增加挤奶次数，及时去除淤乳和炎性渗出物，减轻乳房组织紧张度，还可以用宽布或乳罩将乳房托起，以改善乳房血液循环，使乳房得到固定与休息。对严重的乳房炎可以回奶，肌内注射己烯雌酚，每次5毫克，每日2～3次，连用3～5天，回奶效果显著。

②关节炎：施用热罨布和消散性软膏（碘软膏、鱼石脂软膏等），或将土霉素与复方碘液结合应用，效果更好。急性炎症初期，应用冷却疗法，装压迫绷带，之后改用温热疗法。若关节腔内蓄脓或流出脓汁，应抽出脓汁，用0.1％高锰酸钾溶液或生理盐水反复冲洗关节腔，再向关节腔内注入盐酸普鲁卡因青霉素30～50毫升，每日1次。

③角膜炎：用弱硼酸溶液冲洗患眼，眼内涂抹四环素可的松软膏，或先用弱硼酸水洗眼，拭干后，用青霉素80万单位和40万单位地塞米松，翻开上眼睑，用针头挑破结膜注入药液至结膜凸起呈水泡状，剩余药液肌内注射，每日2次，连用2～3天，效果显著。

**（二）山羊霉形体山羊亚种**　虽然山羊霉形体山羊亚种导致的疾病很严重，但发病率很低，对这些疾病的预防似乎很少或没有做什么工作。因此,目前没有预防该病的有效疫苗,用药方面要注意山羊霉形体山羊亚种对泰乐菌素和红霉素敏感,对氯霉素和氟苯尼考不敏感。

**(三)山羊霉形体山羊肺炎亚种**

**1. 疫苗预防**　最早的预防山羊传染性胸膜肺炎的实验性疫苗是用高代山羊霉形体山羊肺炎亚种活菌制成。气管内接种无害,并可保护山羊抵抗攻毒。但近期较集中于研制灭活疫苗。在肯尼亚,这种灭活疫苗已应用多年,系由山羊霉形体山羊肺炎亚种悬浮于皂苷冻干而成,这种疫苗保存期至少14个月,最适剂量为 0.15 毫克菌体,免疫力在 1 年以上。接种疫苗后的副作用包括接种处肿胀,接种后 1～2 天发热,同时伴有厌食现象。由于佐剂皂角苷引发的肿胀可持续 1～14 天,有时注射后可引起严重的发炎。

**2. 药物治疗**　本菌对红霉素高度敏感,四环素对其也有较强的抑制作用。

**(四)丝状霉形体丝状亚种大菌落型**　虽然已知在许多地中海国家广泛使用丝状霉形体丝状亚种疫苗,但很少有这方面疫苗的信息,表明这些疫苗的生产和使用都是区域性的。在以色列进行的试验中,将用甲醛灭活的丝状霉形体丝状亚种、矿物油和山梨醇乳化后制成的疫苗,免疫后可以给强毒攻击的 1 日龄和 6 周龄羔羊提供部分保护。在过去的 20 年中,丝状霉形体丝状亚种导致的疾病已经显著下降,除了少数的田间实验,疫苗从未广泛使用过。用药方面应注意丝状霉形体丝状亚种对氟苯尼考不敏感。

**(五)丝状霉形体山羊亚种**

**1. 疫苗预防**　我国目前的疫苗有氢氧化铝组织苗、鸡胚弱毒苗和丝状霉形体山羊亚种灭活疫苗。氢氧化铝组织灭活菌苗,皮下或肌内注射,6 月龄以上山羊 5 毫升,6 月龄以内羔羊 3 毫升,14 天后产生免疫力,免疫期 1 年,保护率 75%～100%。丝状霉形体山羊亚种灭活疫苗,颈侧皮下注射,6 月龄以下羊每只 2 毫升,成年羊每只 3 毫升,屠宰前 21 天内禁止使用。不同地区的病原在免疫原上可能存在差异,应根据该地区的病原分离鉴定情况正确选用疫苗。

**2. 药物治疗**

(1)泰乐菌素(支原净)　肌内注射,每次每千克体重 5～10 毫克,每日 2 次,连用 4 天。

(2)罗红霉素粉　口服,每次 150 毫克,每日 2 次,连用 4 天。

(3)硫酸庆大霉素-小诺霉素　肌内注射,每次每千克体重 0.1 毫克。

(4)特效米先　深部肌内注射,每次每千克体重 0.1 毫升,每日 1 次,连用 4 天。

(5)大观霉素　配制成 20%浓度,肌内注射,每次 5 毫升。对病重羊采用全身疗法,原则是强心利尿、限制渗出、抗菌解毒。可用氯化钙防止渗出,用 3%过氧化氢溶液 5 毫升与生理盐水 100 毫升混合静脉注射,以缓解肺水肿引起的缺氧。

(6)桑白皮与氟苯尼考联用　深部肌内注射氟苯尼考,每次每千克体重 20 毫克,之后立即口服桑白皮煎液,每次每千克体重 0.15 毫升。

平时用药应注意以下几种药物对丝状霉形体山羊亚种比较敏感,它们依次是泰妙菌素、头孢噻肟、丁胺卡那霉素、庆大霉素、大观霉素、罗美沙星、环丙沙星、氨曲南、头孢哌酮、乳酸诺氟沙星、卡那霉素、炎克星、甲氟哌酸、氯孢三嗪、多黏菌素 B、头孢氨苄等。

（六）绵羊肺炎霉形体

**1. 疫苗预防**　我国常用的疫苗为绵羊肺炎霉形体灭活疫苗，该苗为乳白色乳剂，用于预防由绵羊肺炎霉形体引起的绵羊和山羊霉形体性肺炎。颈侧皮下注射，6月龄以下羊每只2毫升，成年羊每只3毫升，在2℃～8℃条件下保存，有效期为1年。屠宰前21天内禁止使用，免疫期18个月，保护率75%～100%。

**2. 药物治疗**

（1）药物敏感性　绵羊肺炎霉形体对环丙沙星、单诺沙星、替米考星、泰妙菌素、氧氟沙星和氟苯尼考最为敏感，对泰乐菌素和林可霉素较敏感，而卡那霉素、土霉素、复方制菌磺和四环素为低敏药物，红霉素无效。因此，喹诺酮类药物和氟苯尼考可能是防治绵羊肺炎霉形体感染的高敏药物。

（2）选药治疗

①阿奇霉素：属大环内酯类药物，对霉形体的作用最强。成年羊每千克体重5毫克，肌内注射，每日1次，连用5天。

②氟苯尼考：是氯霉素的第三代产品，对霉形体感染有一定治疗效果。成年羊每次10毫升，肌内注射。另据报道，上午用泰乐菌素，下午用氟苯尼考，治疗山羊霉形体肺炎，治愈率达90%以上。

③恩诺沙星：本药为喹诺酮类药物，对羊只霉形体感染有一定防治效果。按每千克体重10～12毫克，混于病羊日粮中饲喂，1～2周咳嗽缓解。

④泰乐菌素：为大环内酯类药物，对霉形体病有一定治疗效果。成年羊每次10毫升，肌内注射。

⑤替米考星：本药为泰乐菌素半合成的大环内酯类药物，可用于山羊、绵羊霉形体感染的治疗。每千克体重10毫克，

皮下注射。

⑥新胂凡纳明：本药为胂制剂，对羊霉形体肺炎有一定防治作用。按每千克体重 10 毫克，用生理盐水配制成 10％的注射液，静脉注射。4 天以后，重复注射 1 次，用量相同。

另外，还可用四环素和多西环素分别与红霉素、泰乐菌素、替米考星、泰妙菌素等联合用药，有一定疗效。

**（七）其他几种霉形体**

**1. 结膜霉形体**　结膜霉形体对土霉素和泰乐菌素比较敏感，目前没有预防该病的疫苗，预防和治疗主要采取以下常规措施：隔离病羊并用灭菌生理盐水冲洗眼睛；或用 2％～4％硼酸溶液洗眼，拭干后再用 3％～5％弱蛋白银溶液滴入结膜囊，每日 2～3 次；也可涂四环素眼膏；如有角膜混浊或角膜翳时可涂 1％～2％黄降汞软膏；每日注射 200 毫克的泰乐菌素对该病有很好的治疗作用；应用 0.05％泰乐菌素注射液或强的松龙、青霉素和双氢链霉素混合液治疗，有较好疗效。

处理病羊的时候要戴上手套；提供干净的饮水和营养丰富的饲料；病羊由于暂时的视力障碍可能不能采食饮水，因此要特别注意细心照顾；防止蚊虫传播也是一个很重要的环节；减少拥挤和拥挤运输，因为拥挤可使氢化可的松激素分泌增多而使免疫力下降。

**2. 其他霉形体**　牛霉形体对羊具有致病性，但目前没有有效的疫苗用于预防。该病原体对四环素和泰乐菌素比较敏感，对土霉素、替米考星和大观霉素有耐药性。精氨酸霉形体对四环素和氯霉素比较敏感。牛鼻霉形体、阿德里霉形体等其他霉形体致病性尚不清楚，国内外研究较少，资料缺乏。

# 参考文献

[1]毕丁仁,王桂枝.动物霉形体及其研究方法[M].北京:中国农业出版社,1998:83-92.

[2]蔡宝祥.家畜传染病学[M].北京:中国农业出版社,2001:233-261

[3]陆承平.兽医微生物学[M].北京:中国农业出版社,2001:360-371

[4]王建辰,曹光荣.羊病学[M].北京:中国农业出版社,2002:3-112.

[5]佐佐木正五,尾形学,中村昌宏.支原体病[M].项大实,李建时,译.北京:农业出版社,1981:153-229.

[6]包慧芳.羊肺炎支原体与丝状支原体山羊亚种病原特性及发病机理比较研究[D].甘肃农业大学学报,1999.

[7]王栋,刘众心,张立春.新疆地区羊传染性无乳症病原的鉴定[J].中国预防兽医学报,1988,(6):6-7.

[8]王栋,张瑞亭.我国山羊传染性胸膜肺炎病原的研究[J].中国兽医科技,1988,18(9):3-5.

[9]房晓文,于光熙,刘光本.山羊传染性胸膜肺炎氢氧化铝疫苗制造及免疫试验[J].畜牧兽医学报,1958,3(1):44-52.

[10]邓光明,梁桂香,李志杰,等.类山羊传染性胸膜肺炎诊断和防治的研究-免疫试验[J].中国兽医科技,1991,21(4):6-9.

[11]辛九庆,李媛,张建华,等.一株山羊支原体山羊肺炎

亚种的分离鉴定与分子特征[J].中国预防兽医学报,2007,(4):243-248.

[12]李媛,张建华,胡守萍,等.山羊传染性胸膜肺炎病原体 4 株国内分离株的重新分类[J].微生物学报,2007,(5):769-773.

[13] DaMassa AJ, Wakenell PS, Brooks DL. Mycoplasmas of goats and sheep[J]. J Vet Diagn Investig. ,1992,(4):101-113.

[14]Cottew GS:Caprine-ovine mycoplasmas[A]. In:Tully JG,Whitcomb RF(Ed. ),The mycoplasmas. II. Human and animal mycoplasmas[M],ed. Academic Press,San Francisco,CA. ,1979:103-132.

[15]Ayling RD,Nicholas RAJ. Mycoplasma respiratory infections [A]. In:Aitken,ID (Ed. ),Diseases of Sheep[M],4th ed. Blackwell,Oxford. ,2007:231-235.

[16]The OIE. Manual of diagnostic tests and vaccines for terrestrial animals 2008 [EB/OL],http://www. oie. int/eng/normes/mmanual/2008/pdf/2. 07. 05_CONTAGIOUS_AGALACTIA. pdf,2008-07-17.

[17]Thiaucourt F,Bolske G. Contagious caprine pleuropneumonia and other pulmonary mycoplasmoses of sheep and goats. [J]. Rev Sci Tech. ,1996,15(4):1397-1414.

[18]Nicholas RAJ,Ayling RD,Loria GR. Ovine mycoplasmal infections[J],Small Rumin Res,2008,76(1-2):92-98.

[19]McAuliffe L,Hatchell FM,Ayling RD,et al. Detection of Mycoplasma ovipneumoniae in Pasteurella-vaccinated

sheep flocks with respiratory disease in England[J]. Vet Rec,2003,153:687-688.

[20] Litamoi JK, Lijodi FK, Nandokha E. Contagious caprine pleuropneumonia:some observations in a field vaccination trial using inactivated Mycoplasma strain F38. [J]. Trop Anim Health Prod. ,1989,21(2):146-150.

[21]Le GD,Saras E,Blond D,et al. Assessment of PCR for routine identification of species of the Mycoplasma mycoides cluster in ruminants. [J]. Vet Res. ,2004,35(6):635-649.

[22]Vilei E M,Korczak B M,Frey J. Mycoplasma mycoides subsp. capri and Mycoplasma mycoides subsp. mycoides LC can be grouped into a single subspecies. [J]. Vet Res. ,2006,37(6):779-790.